EDICIONES CIENTÍFICAS UNIVERSITARIAS

SERIE LAS TECNOLOGÍAS EN EL SIGLO XX

# EQUIPO PARA EXPERIMENTAR EN EL MICROCOSMOS RELATIVISTA

CLICERIO AVILEZ

# Equipo para experimentar en el microcosmos relativista

EDICIONES CIENTÍFICAS UNIVERSITARIAS

UNIVERSIDAD NACIONAL AUTONÓMA DE MÉXICO

FONDO DE CULTURA ECONÓMICA

MÉXICO

Primera edición, 1992


Av. de la Universidad, 975; 03100 México, D. F.

ISBN 968-16-3679-1

Impreso en México

Este libro lo dedico a mis hijos,
ÁNGELA, ADRIÁN, MARBELLA, CECILIA,
y a mis colaboradores presentes y pasados
que han sufrido y gozado el proceso
de introducir en México la física
experimental de altas energías

Este libro lo dedico a mis hijos

[illegible]

y a mis colaboradores presentes y pasados

que han [illegible] el progreso

de [illegible] en México en física

experimental de altas energías.

[illegible]

# ÍNDICE GENERAL

# MI AMIGO CLIC

Hace poco más de veinte años, se apareció por el décimo piso de la Torre de Ciencias un muchacho bronco, con fuerte acento norteño. Venía al Instituto de Física para obtener el doctorado. Había estudiado la licenciatura en el Tecnológico de Monterrey, y todas las virtudes y defectos de esa educación muy pronto nos fueron evidentes. Era sistemático, trabajador, pero los problemas que se salían de una cierta rutina lo volteaban al revés. Sin embargo, a los que ya entonces éramos investigadores, y en particular a nuestro jefe, el maestro Marcos Moshinsky, nos cayó bien. Decidimos por ello echarle una mano, y poco a poco Clicerio Avilez fue saliendo avante. Por fin, en 1973 pudo obtener el doctorado. Como no había muchas plazas en el Instituto de Física, Clicerio tuvo que abandonar la UNAM y emigró al Politécnico, donde fue profesor de la Escuela Superior de Física y Matemáticas.

Para completar su formación en la teoría de las partículas elementales, obtuvo una beca posdoctoral, la beca Humboldt, y se dedicó a la investigación en Hamburgo. En los laboratorios DESY, donde se hallaba el gran acelerador de partículas alemán, trabajó durante dos años, para luego regresar a México. Por fin ingresó al IFUNAM y en él continuó sus estudios teóricos durante unos tres años. Entonces tomó la decisión clave de su carrera científica... convertirse en físico experimental.

Ya con derecho a un año sabático, va a la Universidad de Columbia. En los laboratorios Nevis cambia de giro radicalmente y regresa a México convencido de que es necesario formar un grupo experimental, pues sin éste el progreso de la física de altas energías en México sería siempre lento.

Formar un grupo tal , sin embargo, no es juego de niños. Los experimentos para entender las partículas elementales requieren de los más complejos aparatos: enormes aceleradores, detectores muy sensibles, computadoras rapidísimas. Y todo ello, sólo los países más avanzados podrían tenerlo y mantenerlo.

Por esa época, el IFUNAM había ya desarrollado una cierta experiencia como usuario de aceleradores de mediana energía. Un grupo de cuatro o cinco investigadores universitarios visitaba con regularidad y frecuencia los laboratorios de Berkeley y Oak Ridge, en Estados Unidos, para realizar experimentos de física nuclear en colaboración con colegas de otros países. Entonces, ¿no podría un grupo de físicos mexicanos intentar lo mismo en la ciencia de las altas energías?

La respuesta de Clic fue inmediata: ¡Claro que sí! Su entusiasmo me convenció no sólo a mí —a la sazón, director del IFUNAM—, sino a muchos otros colegas y estudiantes. Así empezaron diez años interesantísimos en la física de nuestro país.

Clicerio Avilez, osado diplomático, convenció a muchas personas de que su empresa valía la pena. Comenzó el proyecto de "Las Cien y Una Tesis" con la Facultad de Ingeniería; se hizo amigo de León Lederman, entonces director del Fermilab, en donde están los aceleradores más potentes; obtuvo ayuda del Fondo de Fomento Educativo, de la SEP y del CONACYT. Finalmente, logró vencer uno de los más grandes obstáculos de la ciencia mexicana, el centralismo, y emigró armado de entusiasmo y protegido por un grupo de estudiantes a la Universidad de Guanajuato, donde fundó su Instituto de Física.

Los últimos diez años de su vida, Clicerio los dedicó a la física experimental de altas energías. En Brookhaven y en Fermilab realizó, en colaboración con grupos de las universidades de Massachusetts y de Columbia, un conjunto de experimentos sobre la producción de partículas elementales con extrañeza. En la UNAM, primero, y luego en León, Guanajuato, donde estableció su instituto, peleó por desarrollar técnicas de detección de partículas, e incluso llegó a construir algunos aparatos como los que se describen en este libro.

La vía que Clicerio eligió fue un camino largo, arduo, lleno de valladares. Los resultados de sus experimentos —así es la física de partículas— apenas van viendo la luz pública, a cuentagotas. El grupo de Guanajuato corre peligro y puede desmembrarse. Tampoco pudo ya ver éste, su primer libro, impreso. No obstante, sigo creyendo, como hace una década, que mi amigo Clic escogió el camino correcto.

México, D. F., 1991.

JORGE FLORES VALDÉS

# PREFACIO

Hubo una vez una película que al principio mostraba al hombre de las cavernas, al hombre que dejó de ser mono pero que se halla en la etapa más primitiva de su vida. Ese hombre vive en una pequeña comunidad y caza en pelea cuerpo a cuerpo para satisfacer sus necesidades de alimento. Uno de esos primitivos, en forma casi accidental, toma un hueso, resto de algún animal sacrificado, y con él golpea casi sin querer. El hombre primitivo escucha el ruido producido por el golpe, observa el efecto de su acción y se queda estupefacto al descubrir su primera herramienta. Golpea y vuelve a golpear, y en la culminación de ese momento de euforia, lanza el hueso al cielo levantando ambos brazos y volviendo la cara hacia arriba. Se hace silencio; la cámara enfoca al hueso que sube rotando. La acción se torna lenta y la herramienta empieza a transformarse hasta tomar la forma de una nave espacial que flota en el espacio exterior al ritmo de 2x2 de un vals de Strauss.

La inteligencia humana se evidencia por el uso de herramientas, y el hombre ha progresado gracias a ellas. Entre las más complejas producidas por los humanos tenemos los aceleradores de partículas. En su afán de conocer la naturaleza que lo rodea, el hombre ha producido herramientas para "abrir y escudriñar" su objeto de interés e investigar su interior. Los aceleradores de partículas han sido concebidos para "abrir" los componentes más íntimos de la materia y estudiarlos.

La humanidad ha utilizado sus sentidos para conocer el resultado del empleo de sus herramientas, pero conforme la herramienta se fue complicando y el objeto de estudio fue disminuyendo de tamaño y aumentando en comportamiento ajeno a lo que el hombre estaba acostumbrado, los científicos necesitaron de detectores, que no son otra cosa más que una extensión de sus capacidades sensoriales. Y al integrar aceleradores con detectores, los físicos fueron capaces de extraer información cada vez en mayor cantidad y de mayor calidad del objeto último de su interés: la estructura del microcosmos.

El hombre primitivo utilizó la herramienta para golpear, observó el resultado y concluyó, con el uso de la razón, que muchas veces había logrado su objetivo planteándose interrogantes sucesivas que paulatinamente lo habían llevado al perfeccionamiento de su herramienta.

Con una herramienta tan compleja como son los aceleradores de partículas y una capacidad sensorial incrementada por los detectores, el hombre necesitó ayuda para rumiar y digerir la información adquirida. Su propio cerebro no le bastó para asimilar, analizar y conocer las consecuencias del uso de sus herramientas. Requirió otro tipo de herramientas para manejar objetos de conocimiento más sutiles, más intrincados. Para analizar, entender y, más aún, producir información, el hombre dispone de las computadoras. Éstas, de las que el científico echa mano para controlar los aceleradores y detectores, constituyen la herramienta vital con la que cuenta el físico experimental moderno para organizar sus investigaciones y analizar la estructura del micromundo.

Y el hombre primitivo que todos llevamos dentro, cubierto por capas de herencia, de pensamiento que produce cultura y cicatrices, testimonio de la experiencia que modela el comportamiento y va generando la "educación", ha producido los aceleradores de partículas, los detectores y las computadoras con la finalidad de ahondar en el conocimiento de las maravillas de la naturaleza.

# I. ACELERADORES DE PARTÍCULAS

EN FÍSICA de partículas no hablamos en general de fuerzas, sino de campos y las fuentes que los producen. Para el caso electromagnético, las fuentes son las cargas eléctricas, y el producto de éstas con los campos nos dan las fuerzas que aceleran a las partículas elementales. La manera de producir un sistema de partículas bajo una fuerza fuera de balance que lo acelere es escoger esas partículas con carga eléctrica y hacerlas que entren en la región del espacio donde exista un campo electromagnético. Construir un acelerador de partículas consiste esencialmente en proveer los campos electromagnéticos y controlar el haz producido. Todos los aceleradores tienen una fuente que produce las partículas cargadas, las cuales al acelerarse formarán el haz. Un haz típico de protones tiene el orden de $10^{12}$ partículas, todas de la misma carga, y que, por lo tanto, se están repeliendo: es menester mantenerlas juntas, es decir, enfocarlas. El enfoque se logra con un sistema de imanes. A su vez, los campos electromagnéticos se almacenan en una cavidad metálica con ciertas dimensiones para que resuenen a determinadas frecuencias y al contacto con las cargas produzcan fuerzas en la dirección requerida que actúan sobre las partículas y las aceleran. Estas celdas de aceleración tienen un límite en la energía que pueden transmitir; por consiguiente, para altas energías se necesitan muchísimas de esas cavidades organizadas en línea recta y alternadas con imanes cuadrupolares para que enfoquen el haz. O bien, es posible diseñar una geometría circular con objeto de que las partículas pasen varias veces por las mismas cavidades resonantes y vayan adquiriendo más energía hasta lograr la máxima posible con esta máquina. Esta configuración requiere, entonces, imanes dipo lares que deflecten el haz. Como se ve, el diseño de un acelerador consiste en encontrar la configuración de cavidad resonante, imanes deflectores e imanes que enfoquen, para lograr el haz con las especificaciones requeridas. En la práctica, los imanes que enfocan no sólo son cuadrupolares, pues se necesita enfocar no únicamente en el espacio sino también en el tiempo, es decir, no sólo es indispensable que las partículas pasen por donde deben pasar sino también cuando deben pasar. Enfocar en el tiempo significa corregir la energía, operación técnicamente conocida como corrección de aberraciones cromáticas, y esto se logra a primer orden con imanes sextupolares.

Lo anterior constituye una brevísima síntesis de cómo funcionan los aceleradores modernos. Hablaremos de todo esto con más detalle en el presente capítulo, pero antes haremos un poco de historia que nos sitúe conceptualmente en el desarrollo lógico de los aceleradores.

## Antecedentes históricos

En 1911, Ernest Rutherford analizó los resultados del experimento consistente en dispersar partículas alfa por hojas delgadas de oro, y mostró que la carga eléctrica positiva de un átomo se halla concentrada en el centro del mismo. Esta información experimental permitió a Niels Bohr desarrollar su teoría semiclásica del átomo, contribuyendo así a fincar las bases de la mecánica cuántica. En el experimento de Rutherford, las partículas alfa eran producidas por radio y colimadas hacia el blanco de oro. El procedimiento mostró ser útil, ya que originó avances importantes en nuestra concepción de la naturaleza y planteó la necesidad de fuentes más intensas y mejor controladas. Éste fue el principio de los aceleradores de partículas.

El acelerador de partículas constituye una herramienta para estudiar el micromundo. Las razones por las que Rutherford empleó partículas alfa para investigar el átomo de oro son principalmente dos: por una parte, el átomo de oro no es observable a simple vista con un microscopio estándar; por otra, el radio es una fuente radioactiva de fácil adquisición. Un átomo de oro no puede ser observado con un microscopio estándar porque su tamaño es menor que la longitud de onda de la luz visible. Es claro que podemos enviar luz con longitudes de onda comparables o aun menores que un átomo de oro, pero en este caso la luz no es visible, sino ultravioleta. Para esto requerimos de fuentes de luz ultravioleta y detectores que la puedan recolectar para su análisis después de haber chocado con un átomo de oro. Este procedimiento resultaba un poco complicado e inalcanzable a principios de siglo. En cambio, una partícula alfa, producto del decaimiento del radio, puede tener una energía tal que su longitud de onda sea comparable a la del átomo de oro, objeto de análisis de Rutherford.

Los aceleradores de partículas son microscopios que producen, en forma controlada y con intensidad apropiada, radiación con esas longitudes de onda cada vez más pequeñas para estudiar el microcosmos. Recordemos que la energía es proporcional a la frecuencia, donde la constante de proporcionalidad es la constante de Planck. A su vez, la frecuencia es inversamente proporcional a la longitud de onda, con lo que podemos escribir la siguiente ecuación:

$$E = (ch)/\lambda.$$

Como simple ejercicio, si suponemos luz visible cuya longitud de onda $\lambda$ es del orden de mil Ångströms, utilizando $hc$=197.33 MeV fm obtenemos que la energía asociada es solamente 78 eV. Los microscopios de luz visible corresponderían a aceleradores con energías del orden eV, es decir, la de los procesos químicos o de la fotosíntesis en las plantas.

Conviene recordar que si enviamos partículas de cualquier tipo, electrones por ejemplo, contra algún blanco —que bien podría ser oro—, la energía del proyectil no es la que en forma directa está relacionada con la longitud de onda deseada, sino la energía transferida en la colisión. Al chocar el proyectil contra el blanco se produce una transferencia de energía y de cantidad de movimiento. Esta transferencia de momento es inversamente proporcional (canónicamente conjugada) a una distancia que corresponde a las dimensiones que en ese proceso se pueden "observar". Resulta evidente que la transferencia de energía o momento no puede ser mayor que la que el proyectil tenga; así que si queremos escudriñar distancias menores, tendremos que aumentar la energía del haz, o sea, acelerarlo. Como se verá a continuación, el problema central en física e ingeniería de aceleradores estriba siempre en lograr más energía en las partículas aceleradas.

En 1924, G. Ising propuso el primer sistema para acelerar partículas, con la característica de que al final del proceso de aceleración éstas tendrían una energía mayor que la máxima que en un momento dado el acelerador pudiera transmitir a las partículas aceleradas. Es obvio que la partícula acelerada debe recibir al menos dos veces esa máxima transferencia de energía que el acelerador puede transmitir. La propuesta original de Ising nunca se construyó, pero en 1928, poniendo en práctica estas ideas, R. Wideroe construyó un acelerador lineal excitado con un campo de radiofrecuencia (RF), y demostró así la viabilidad de dichas ideas. Este procedimiento no fructificó en aquella época en razón de la carencia de fuentes de RF con altas frecuencias y potencia.

En 1939, van de Graaff propuso un generador electrostático como medio para crear una diferencia de potencial que acelerara partículas cargadas. El procedimiento consistía en hacer girar un cinturón no conductor entre tierra y una terminal de alto voltaje, creando de esta manera el potencial apropiado. Van de Graaff logró 1.5 MeV. En Inglaterra, Cockroft y Walton construyeron en 1932 un acelerador parecido al de van de Graaff, es decir, electrostático, sólo que el polo de alto voltaje se cargaba por multiplicación del voltaje con rectificadores y condensadores.

No podemos mencionar los albores de los aceleradores sin recordar a Sloan y Lawrence, quienes en 1931 construyeron un acelerador lineal que logró iones de mercurio con energías de 1.2 MeV, el cual emplearon en trabajos de experimentación, convirtiéndose así en los primeros en utilizar un acelerador como instrumento de la física experimental.

## ACELERADORES ELECTROSTÁTICOS

El acelerador van de Graaff (v de G en lo sucesivo), sencillo en su concepción, topó desde su propio nacimiento con el problema fundamental que lo limita: el aislamiento eléctrico. Es indispensable que la parte del instrumento que se encuentra a alto voltaje quede aislada del tubo de descarga a través del cual pasa el haz. Este problema del aislamiento eléctrico, que también limitó a los aceleradores Cockroft-Walton, fijó un límite de 10 MeV en la energía máxima lograda con ese tipo de máquinas.

El acelerador v de G es de corriente continua (del orden de microamperes), característica que lo hizo una máquina utilísima en los albores de la física nuclear. Por un lado, el hecho de que sea de corriente directa, es decir, continua, le otorga una gran resolución en energía (por el teorema de Liouville, que discutiremos cuando hablemos de los sincrotrones), lo cual lo hace sumamente provechoso para estudiar la espectroscopia nuclear. Y, por otro lado, como máquina productora de baja corriente fue justo lo que se necesitaba, dado lo limitado en ancho de banda de sistemas de detección de aquella época, para fenómenos que se producen por interacción fuerte.

El acelerador Cockroft-Walton puede acelerar corrientes del orden de miliamperes —un factor 1000 mayor que los van de Graaff—, pero tiene menos resolución en energía, por lo que es más apropiado para estudiar fenómenos que requieren una estadística alta. Ambos tipos de aceleradores fueron posteriormente desarrollados. El más notable desarrollo fue el v de G tandem, en el cual se aceleran iones positivos en un campo que cambia de polaridad al atravesar los iones la mitad del tubo acelerador y alcanzan mayores energías.

Dado que los Cockroft-Walton aceptan grandes corrientes relativamente difusas, han sido utilizados como inyectores para aceleradores lineales de altas energías. Sin embargo, como se verá después, los avances recientes en estructuras aceleradoras de radiofrecuencia han permitido sustituir al Cockroft-Walton, dejándolo como simple objeto de estudio académico-histórico.

## ACELERADORES DE RADIOFRECUENCIA

El desarrollo del radar en la segunda guerra mundial trajo como consecuencia la disponibilidad de amplificadores de potencia a las frecuencias apropiadas para la aceleración de partículas cargadas. Como veremos cuando discutamos los *linacs* (*linear accelerators*), la aceleración de electrones requiere muchísimo más altas frecuencias que la de protones o iones pesados. En 1929, Lawrence propuso el primer acelerador circular, el ciclotrón. En la figura I.1 se muestra un diagrama que ilustra los conceptos fundamentales de la estructura del ciclotrón. Es un imán tipo transformador con dos bobinas alrededor de los dos polos del imán. En el centro, entre los dos polos, se coloca un par de electrodos huecos semicirculares en forma de D, cada uno de ellos paralelamente al otro, como se muestra en el recuadro de la figura I.1. Los electrodos están colocados de una determinada manera para que el flujo de campo magnético atraviese en forma perpendicular el plano de las D. Se inyectan iones al centro de las D, las cuales están conectadas a un oscilador de radiofrecuencia que alterna su polaridad, con lo que en un ciclo una de las D repele los iones y la otra los atrae; transmitiendo energía a los iones inyectados se alterna la polaridad, y el proceso se repite en el siguiente ciclo. Estos iones viajan en grupo o, como se dice en la jerga de los aceleradores, en paquetes. Conforme los iones adquieren energía y se mueven en el campo magnético del imán tipo transformador, describen una espiral, tal como se indica en el recuadro de la figura I.1.

El concepto del ciclotrón es sencillo y atractivo. Tres son los factores fundamentales que deben ser cuidados en su diseño y construcción: primero, la cantidad de fierro que requiere el

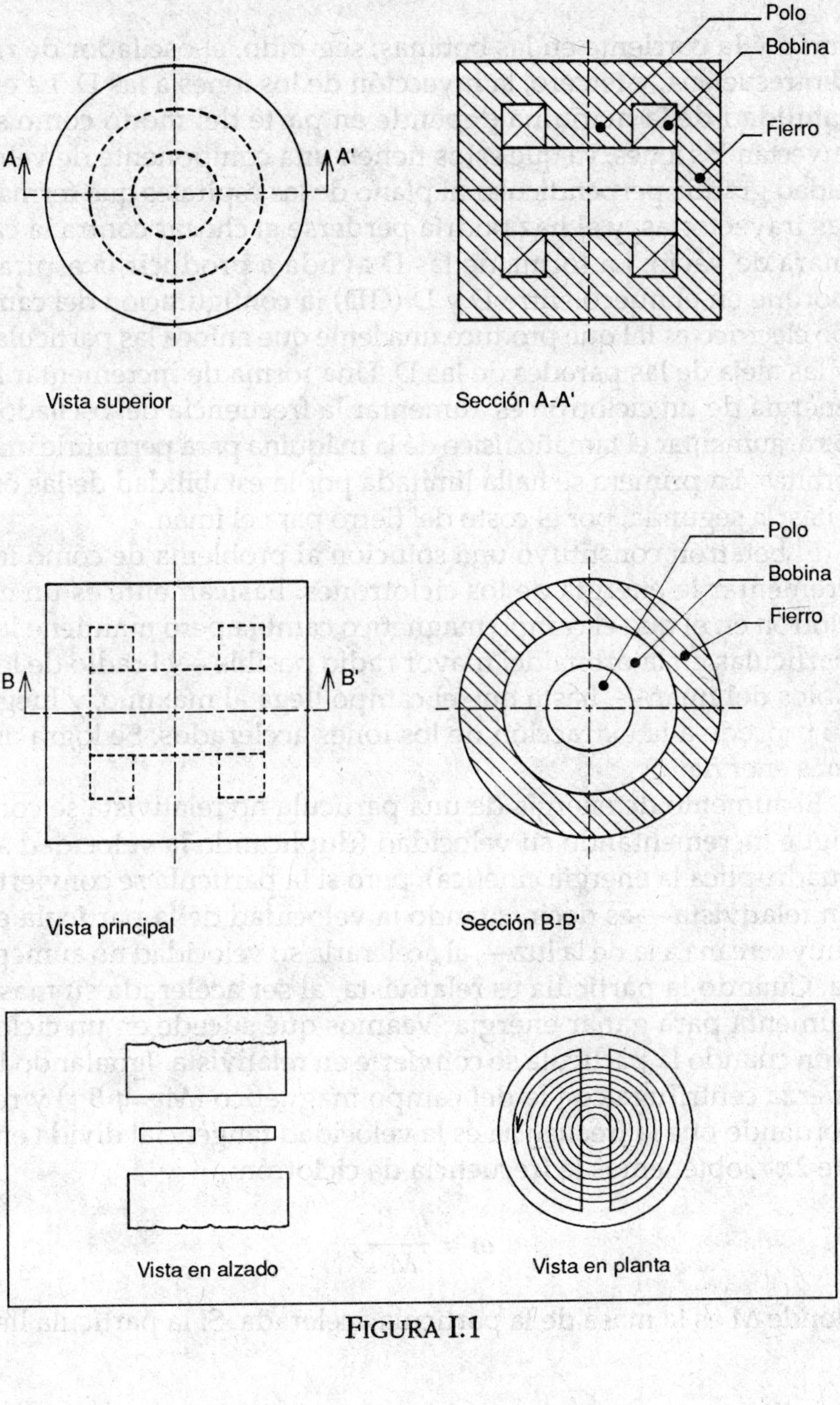
Polo
Bobina
Fierro
A
A'
Vista superior
Sección A-A'
Polo
Bobina
Fierro
B
B'
Vista principal
Sección B-B'
Vista en alzado
Vista en planta

FIGURA I.1

imán y la corriente en las bobinas; segundo, el oscilador de radiofrecuencia, y tercero, la inyección de los iones a las D. La estabilidad de la máquina depende en parte del modo como se inyectan los iones, ya que éstos tienen una componente de velocidad grande perpendicular al plano de las espirales que forman las trayectorias, y el haz podría perderse al chocar contra la cámara de vacío. La forma de las D ayuda a producir la espiral, porque en el hueco entre D y D (ƆD) la configuración del campo eléctrico es tal que produce una lente que enfoca las partículas y las aleja de las paredes de las D. Una forma de incrementar la energía de un ciclotrón es aumentar la frecuencia del oscilador; otra, aumentar el tamaño físico de la máquina para permitirle más órbitas. La primera se halla limitada por la estabilidad de las órbitas; la segunda, por el costo del fierro para el imán.

El betatrón constituyó una solución al problema de cómo incrementar la energía de los ciclotrones: básicamente es un ciclotrón en el que el campo magnético cambia pero mantiene las partículas en la órbita del mayor radio posible —el radio de los polos del imán—, hasta que el campo llega al máximo, y luego se procede a la extracción de los iones acelerados. Se logra así más energía.

El aumento de energía de una partícula no relativista se consigue incrementando su velocidad (duplicando la velocidad se cuadruplica la energía cinética), pero si la partícula se convierte en relativista —es decir, cuando la velocidad de la partícula es muy cercana a la de la luz—, al acelerarla su velocidad no aumenta. Cuando la partícula es relativista, al ser acelerada su masa aumenta para ganar energía. Veamos qué sucede en un ciclotrón cuando la partícula se convierte en relativista. Igualando la fuerza centrífuga con la del campo magnético ($Mv = q\,B\,r$) y recordando que la frecuencia es la velocidad tangencial divida entre $2\pi\,r$, obtenemos la frecuencia de ciclotrón:

$$\omega = \frac{q\;B}{M},$$

donde $M$ es la masa de la partícula acelerada. Si la partícula llega al régimen relativista, su velocidad no aumenta pero sí su masa, con lo que la frecuencia de ciclotrón disminuye. La frecuencia es la del movimiento circular de la partícula, la cual debe coincidir con la frecuencia del oscilador que cambia la polaridad de las D: si la partícula se vuelve relativista, se sale de sincronía y se pierde el haz. Esto hace que el ciclotrón únicamente pueda funcionar a energías no relativistas.

La solución a este problema consiste en sintonizar el oscilador que excita las D. Así nace el sincrociclotrón, con el que se logran energías mucho mayores que con un ciclotrón (unos 700 MeV), pero al precio de disminuir la intensidad del haz por un factor 1000. La razón esencial de esta disminución en intensidad es que el sincrociclotrón debe acelerar paquete por paquete de partículas, mientras que el ciclotrón puede hacerlo con varios grupos de partículas, cada uno en un tipo diferente de espiral. Como el sincrociclotrón puede ir a energías mayores, las órbitas crecen en un campo constante, aumentando prohibitivamente el costo de la máquina, debido al material empleado en el imán.

Analizando los diferentes aspectos del ciclotrón hemos discutido dos conceptos de máquinas. En cada una se logra mayor energía que en el ciclotrón mismo y cada una, a su vez, tiene limitantes de diferente índole. Es claro que nos gustaría tomar lo bueno de ambas, del betatrón y del sincrociclotrón, y evitar las limitantes de las dos. Dada una energía de inyección, se puede acelerar una partícula manteniéndola en una órbita del mismo radio por medio de un aumento del campo magnético apropiado como en el betatrón. Cuando la partícula logra energías tales que pasa a un régimen relativista, es deseable incluir el modo tipo sincrociclotrón para sintonizar la frecuencia. Esta nueva máquina no requiere de campo en el centro de la órbita, es decir, sería algo así como un imán tipo transformador, pero hueco en el centro, o sea, con polo en forma de cilindro con las bobinas enredadas sobre él. Esto daría por resultado un imán dipolar tremendamente malo porque no tendría suficiente material para regresar las líneas de campo. Así que si queremos ahorrar en material, debemos rediseñar las bobinas del imán con objeto de proveer el campo dipolar necesario para hacer que las partículas describan la trayectoria circular requerida. Esta nueva máquina se llama sincrotrón.

Un sincrotrón es una máquina circular con imanes que proveen los campos magnéticos necesarios para mantener las partículas en su órbita. Los campos dipolares tienen un valor mínimo y uno máximo, que indican la energía mínima con que las partículas deben ser inyectadas y la máxima a la que las partículas pueden ser aceleradas y extraídas del acelerador. Normalmente, en toda la trayectoria circular tienen una estación de aceleración consistente en cavidades de radiofrecuencia. Aquí las partículas son aceleradas y el resto del anillo se usa para hacer regresar la partícula a la estación de aceleración. Una vez lograda la máxima energía, las partículas deben ser extraídas para los fines de experimentación científica o aplicación industrial que se requieran.

La fase de la onda en las cavidades aceleradoras debe ser cuidadosamente sincronizada con las partículas, que regresarán después de una vuelta completa y entrarán en la cavidad. Por ejemplo, en el AGS (Alternating Gradient Synchrotron) de Brookhaven, la energía de inyección es de 200 MeV y la energía de extracción es de 28 GeV.

## Estabilidad

Al discutir el movimiento de las partículas en un ciclotrón hablamos de trayectorias circulares, suponiendo que todas se llevan a cabo en un plano. Las fuerzas que actúan sobre una partícula con un movimiento de esa característica son dos: existe una fuerza a lo largo de la trayectoria que acelera a la partícula, y otra radial que la hace girar y describir el segmento circular.

El proceso de inyección no es muy ordenado, así que lo que menos podemos decir es que todas las partículas giran en un plano perfecto. Si además añadimos que no existe ninguna fuerza perpendicular al plano de movimiento que haga que las partículas tiendan a moverse en ese plano, la catástrofe no se hará esperar. El haz es inestable y después de unas cuantas vueltas chocará con alguna de las paredes de la cámara de vacío y se perderá totalmente.

El fenómeno de estabilidad se torna más crítico a energías grandes, es decir, cuando el radio es mayor y la partícula acelerada se acerca a la periferia del ciclotrón. Para combatir esta anomalía pueden introducirse "imperfecciones" en la forma de los polos del imán, causando distorsiones al campo magnético que produzcan las fuerzas que estabilicen o enfoquen el haz.

Como ejemplo de estas imperfecciones consideremos la mostrada en la figura I.2.

Las flechitas muestran la fuerza que actúa sobre las partículas al moverse en el campo, cuyas líneas de flujo conectan los polos del imán. Conforme aumenta el radio de la trayectoria, las líneas de campo se curvan más, y va apareciendo la componente de fuerza perpendicular al plano de movimiento. Hay un parámetro para expresar en forma cuantitativa este efecto, se llama el índice de campo y está dado por la siguiente relación:

$$n = \frac{\rho \, \partial \, \beta}{\beta \, \partial \, \rho},$$

donde $\beta$ es el valor del campo y $\rho$ es el radio de la trayectoria. El símbolo $\partial\beta/\partial\rho$ representa la variación del campo cuando el radio cambia.

En el caso en que los polos fueran perfectamente planos uno con respecto al otro, y las líneas de campo fueran líneas rectas perfectamente paralelas, $n$ sería cero porque el campo es constante a cualquier valor del radio que se considere, es decir, $\partial\beta/\partial\rho$ es cero. Para valores muy grandes de $n$ aparece otro tipo de inestabilidad que es la radial. Para $n$ pequeña no existe problema en el movimiento radial, pero hay inestabilidad perpendicular al plano del movimiento y todavía no aparecen las dificultades en el movimiento radial. Cuando $n$ aumenta y es mayor que uno, en lo que se llama enfocamiento fuerte, aparecen las inestabilida-

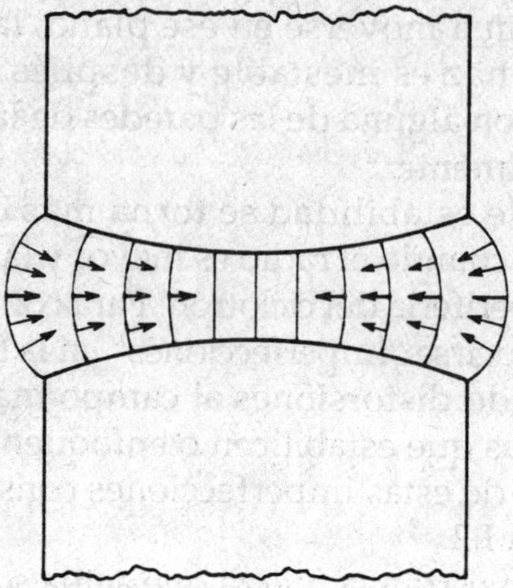

FIGURA I.2

des radiales. Al combinar el concepto de sincrociclotrón con el de betatrón y obtener el concepto de sincrotrón, los campos magnéticos de los imanes dipolares de deflexión pueden ser estudiados también en términos del índice de campo. Existe el enfocamiento débil entre cero y uno y el enfocamiento fuerte para valores mayores que la unidad.

## ESTRUCTURAS FODO

La construcción de un sincrotrón con enfocamiento débil está limitada a energías máximas del orden de un par de decenas de GeV. Éste fue el caso del ZGS del Laboratorio Nacional de Argonne, cerca de Chicago, en Estados Unidos.

A principios de la década de los cincuenta, Courant y Snyder propusieron en forma independiente una estructura de imanes que con enfocamiento fuerte pudiera eliminar las inestabilidades radiales. El mecanismo puede ilustrarse con una analogía óptica. Supongamos dos lentes, una convergente y la otra divergente, separadas por una distancia $d$, como se muestra en la figura I.3; $f_1$ y $f_2$ son las distancias focales de cada lente y $F$ la correspondiente distancia focal de una lente equivalente a las dos anteriores. De la óptica elemental sabemos que la distancia focal de la lente equivalente está dada por

$$\frac{1}{F} = \frac{1}{f_1} + \frac{1}{f_2} - \frac{d}{f_1 f_2}.$$

Ahora supongamos que $f_1 = -f_2 = f$, en otras palabras, que la distancia focal de enfocamiento sea igual a la distancia focal de desenfocamiento. En este caso la lente equivalente es convergente con una distancia focal dada por

$$\frac{1}{F} = \frac{d}{f^2}.$$

Con imanes cuadrupolares se puede simular el efecto de las lentes convergentes y divergentes y construir estructuras que enfoquen y desenfoquen (estructuras FODO) de tal modo que den un resultado neto de enfocamiento.

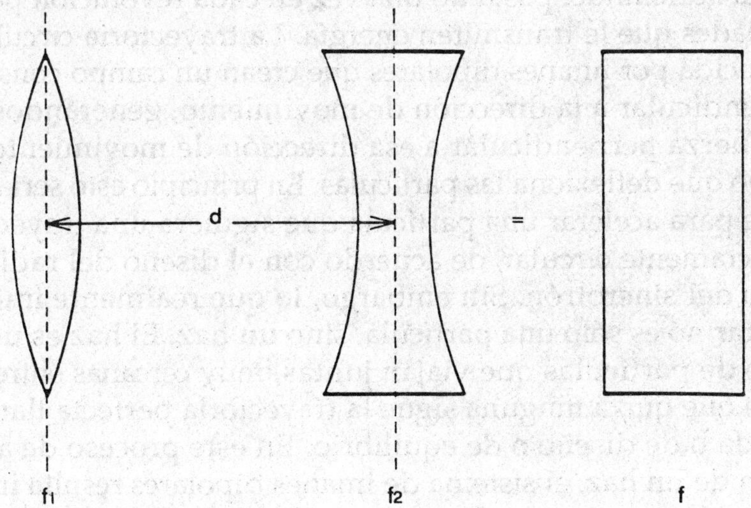


FIGURA I.3

Los sincrotrones con enfocamiento fuerte en estructuras FODO son las máquinas con las que se puede alcanzar la más alta energía en la actualidad. Esto es válido tanto para electrones como para protones. El Superconducting Super Collider (SSC), aprobado para su construcción en Estados Unidos, es de este tipo y puede acelerar protones a energías de 20 TeV. Sin embargo, pensar en energías mayores requiere de otras formas de asegurar estabilidad y enfocamiento, formas que habrán de desarrollarse y que sin duda implicarán grandes esfuerzos en investigación y desarrollo.

## Sincrotrón

### *Elementos de un sincrotrón*

El acelerador consta de al menos una zona donde se transmite energía a las partículas, es decir, donde se aceleran. El resto de la estructura tiene como objetivo regresar el haz a la zona de aceleración para que vuelva a ser acelerado. En un sincrotrón, el acelerador se compone de un anillo por el que viaja el haz que se está acelerando, pasando una vez en cada revolución por las cavidades que le transmiten energía. La trayectoria circular es producida por imanes dipolares que crean un campo constante perpendicular a la dirección de movimiento, generándose así una fuerza perpendicular a esa dirección de movimiento y al campo que deflexiona las partículas. En principio esto sería suficiente para acelerar una partícula que siguiera una trayectoria perfectamente circular, de acuerdo con el diseño del radio del anillo del sincrotrón. Sin embargo, lo que realmente interesa acelerar no es sólo una partícula, sino un haz. El haz es un paquete de partículas que viajan juntas, muy cercanas entre sí, y de las que quizá ninguna sigue la trayectoria perfecta llamada cerrada o de diseño o de equilibrio. En este proceso de aceleración de un haz, el sistema de imanes dipolares resulta insuficiente para transportar el paquete de la salida de la zona de aceleración a la entrada. Para repetir el proceso de aceleración hay necesidad de enfocar el haz. El proceso de enfocar significa traer a las partículas que se mueven lejos de la trayectoria ideal de diseño lo más cerca posible a ésta; por tal razón, se introducen imanes cuadrupolares en los que el campo magnético no es constante sino que aumenta radialmente, es decir, es cero en la trayectoria de equilibrio y se incrementa conforme una partícula se aleja de ella.

Con imanes cuadrupolares se corrige la posición de las partículas en el haz. Pero las partículas en un paquete que forme el haz no sólo tendrán posiciones diferentes sino también cantidades de movimiento diversas. Para corregir la energía de las partículas en el haz se requieren imanes en los que el campo varía en forma cuadrática, o sea, también es cero en la zona de la trayectoria de equilibrio y aumenta conforme se aleja de ella, sólo que aumenta más que en el caso de los imanes cuadrupolares. Estos imanes se llaman sextupolares. En el caso de los imanes cuadrupolares, el campo crece proporcionalmente a la distancia de la trayectoria de equilibrio; en los sextupolares, proporcionalmente a la distancia multiplicada por la distancia misma.

El anillo de un sincrotrón está dado en términos de una estructura o celda fundamental que se repite hasta formar la máquina completa. Cada una de las celdas podría estar formada de imanes dipolares, cuadrupolares en el arreglo tipo FODO y un imán sextupolar.

Si la máquina es utilizada en experimentos de blanco fijo, el sincrotrón tiene, además de la zona de inyección, una de extracción. Si el sincrotrón está diseñado en la forma de anillo de colisión, el acelerador tendrá una zona de inyección, al menos una zona de colisión donde se monten los experimentos y, probablemente, una zona para abortar el haz como medida de seguridad.

Hemos discutido la estructura que transporta el haz desde donde se produjo con la energía de una órbita determinada hasta el punto donde ingresa de nuevo a las cavidades aceleradoras.

Las estructuras aceleradoras son cavidades resonantes ordinariamente en modos transversales magnéticos, de tal forma que el vector de campo eléctrico sea paralelo a la dirección de movimiento. Los campos electromagnéticos dentro de la cavidad oscilan en frecuencias desde Megahertz (para protones) hasta Gigahertz (electrones). Esto significa que el campo eléctrico tiene su valor máximo en la dirección de movimiento de las partículas en un momento dado; después empieza a decrecer en magnitud, disminuyendo paralelamente la aceleración que puede ejercer sobre las partículas del haz. Llega un momento en el que el valor del campo eléctrico se anula y empieza a a apuntar en contra de la dirección de movimiento, desacelerando las partículas que se encuentran en esa "fase". La frecuencia de la onda dentro de la cavidad está determinada por la estructura mecánica de la cavidad que se diseña para transmitir la energía apropiada por el acelerador. La fase, sin embargo, se ajusta constantemente sincronizando las ondas dentro de la cavidad, con la llegada del haz de tal forma que acelere con la máxima eficiencia posible.

### *Movimiento de partículas en un sincrotrón*

El movimiento de una partícula se halla determinado por su posición y su cantidad de movimiento. Las posiciones son cantidades vectoriales de tres componentes y forman lo que se llama el espacio de configuración, porque precisamente configuran en un momento dado la forma de un sistema de partículas si conocemos la posición de cada una de ellas. Las cantidades de movimiento son también entes vectoriales de tres componentes y forman el espacio momental. Los dos espacios juntos, el momental y el de configuración, forman el llamado espacio fase. Un punto del espacio fase está dado por seis coordenadas: tres de posición y tres de momento. En el caso del movimiento en un sincrotrón, en forma natural podemos asignar una coordenada de posición y otra de cantidad de movimiento a la componente longitudinal de la trayectoria de una partícula en el sincrotrón. Esta variable a lo largo del eje del sincrotrón es la línea circular que va por el centro del tubo donde viajan las partículas que se están acelerando. Sin embargo, una partícula puede oscilar respecto a esa trayectoria ideal, dando lugar a una componente de movimiento transversal. A este movimiento se le conoce como oscilaciones betatrón. El movimiento betatrón, como se lleva a cabo en un plano, está descrito por dos coordenadas de posición y dos de cantidad de movimiento. De esta forma se tienen las seis coordenadas del espacio fase que da el estado dinámico de una partícula en un sincrotrón.

El paquete de partículas considerado en el espacio momental consta de partículas que van más rápido que la de diseño y otras que van más lento. Consideremos las oscilaciones longitudinales, es decir, a lo largo del eje del tubo acelerador. Si hay partículas más rápidas que otras, el paquete se deformará. La deformación del paquete depende de si las partículas rápidas van enfrente o detrás de la partícula de diseño. Pensemos ahora en el paquete penetrando la cavidad de radiofrecuencia aceleradora. Supongamos que el paquete se estaba elongando en el espacio de configuración debido a que en este espacio las partículas de mayor cantidad de movimiento estaban frente a la de diseño y, por lo tanto, entran primero a la cavidad aceleradora. Como la cavidad está sincronizada con la partícula de diseño, no estará lista todavía para acelerar y, consiguientemente, desacelera, detiene a las rápidas, acelera a la de diseño y compacta en el espacio de momentos al haz. Una de esas partículas desaceleradas puede convertirse ahora en una de las lentas, de las que tienen cantidad de movimiento menor que la de diseño, así que efectúa media oscilación longitudinal dentro del paquete. Para garantizar estabilidad en el movimiento longitudinal, la partícula de diseño sólo será acelerada en una parte de la fase del campo positivo que se produce dentro de la cavidad. Todas las partículas que sean más lentas que la de diseño "sentirán" el campo acelerador mayor tiempo y por lo tanto pasarán a tener momentos mayores, completando así la oscilación.

Existe un teorema denominado de Liouville que esencialmente dice que lo que cambia en una dimensión del espacio fase debe ser compensado por las dimensiones restantes, si es que no existe alguna fuerza externa actuando sobre el sistema que haga trabajo, es decir, que transmita o extraiga energía. Pensemos en un haz de partículas, protones por ejemplo. Normalmente el haz es un paquetito de protones (aproximadamente $10^{12}$ protones) que se mueven juntos en el acelerador. En el centro del paquete viaja una partícula que tendría la trayectoria ideal respecto a la cual todas las demás oscilan. Pero, aún más, esa partícula ideal, o partícula de la trayectoria de diseño, deberá tener una cantidad de movimiento tal que el radio que describa en los campos magnéticos que la deflectan sea precisamente el radio del sincrotrón. Si no alcanza exactamente esa cantidad de movimiento, estará oscilando en el espacio momental respecto al valor de la trayectoria de diseño.

Si en su trayectoria por el acelerador el paquete va adquiriendo energía intercambiando posiciones de las partículas pero manteniéndose éstas juntas, se dice que el haz es estable en fase. Si el paquete se estira demasiado o se contrae mucho, se pierde la estabilidad de fase y se destruye el paquete de protones; dicho de otra forma, desaparece el haz.

Consideremos las oscilaciones betatrón. El movimiento transversal del haz en un sincrotrón se encuentra plagado de inestabilidades debidas a efectos no lineales. El movimiento de una partícula cargada en un campo magnético, perfectamente uniforme y constante, es un problema que se puede resolver en forma exacta pero, por el tipo de soluciones obtenidas, es de naturaleza no lineal. Si a esto añadimos imperfecciones en los campos, errores en la posición de un imán, o efectos multipolares, el movimiento es altamente no lineal. Todos estos efectos, sin embargo, son muy débiles y se requieren muchas órbitas para que se noten. En otras palabras, cuando una partícula ejecuta una revolución completa en el sincrotrón (una órbita), los efectos debidos a no linealidades no se notan, pero se van acumulando de tal forma que después de muchas vueltas (del orden de una a diez millones) esos efectos no lineales producen inestabilidades que llevan a la destrucción del haz. En el capítulo III volveremos a discutir estos efectos no lineales.

A primera vista uno estaría tentado a decir que nos interesa el mayor enfocamiento posible del haz en las direcciones transversales a la de movimiento, reduciendo la amplitud de las oscilaciones tipo betatrón. Y esto lo podemos lograr con campos que den fuerzas perpendiculares al movimiento y que no hagan trabajo sobre el sistema. Pero por el teorema de Liouville, si disminuimos las dimensiones transversales sin hacer trabajo, cambiamos las longitudinales; y el paquete, que podría ser al principio como un huevo, adquiere la forma de un cigarro. El resultado de esta acción puede ser desastroso, porque algunas partículas estarán fuera de fase al llegar a la cavidad aceleradora y, en consecuencia, se perderá parte del paquete. Sí, tenemos que enfocar, pero debemos tener cuidado de no enfocar demasiado.

## ACELERADORES LINEALES O *LINACS*

Al principio de nuestra discusión de aceleradores mencionamos los aceleradores lineales electrostáticos y de ahí pasamos a los circulares de radiofrecuencia; en el resto de este capítulo nos referiremos únicamente a *linacs (linear accelerators)* compactos.

Al inicio de un acelerador lineal existe siempre una fuente de electrones, de protones o de iones que serán transportados a lo largo de su estructura para que ganen energía en el proceso. Vamos a mencionar primero los aceleradores de protones y al final nos referiremos a los de electrones.

Una fuente de protones o iones pesados produce normalmente corrientes pulsadas o continuas hasta del orden de miliamperes y energías de cerca de 30 KeV. A estas energías, los protones o iones pesados se mueven en forma muy lenta, y un acelerador lineal requiere radiofrecuencias muy bajas para poder "capturar" el difuso haz que se le inyecta. Tradicionalmente, esta dificultad se evitó con un inyector formado por un Cockroft-Walton, que podía acelerar esos protones a energías suficientes como para ser capturadas por un acelerador lineal; estas energías son del orden de 1 a 2 MeV. Esas inmensas máquinas, los Cockroft-

Walton, ocupan mucho espacio y requieren grandes fuentes de poder para producir las diferencias de potencial variable necesarias para su funcionamiento.

Una solución alternativa a los Cockroft-Walton son los cuadrupolos de radiofrecuencia llamados RFQ. Estas máquinas aceptan un haz lento y difuso proveniente de una fuente de protones o de iones, lo enfocan y lo pueden acelerar a energías suficientes para ser inyectados a un *linac* convencional. En la figura I.4 se muestra un esquema del RFQ: los polos opuestos tienen el mismo potencial eléctrico, digamos positivo, y los otros dos polos, a 90° de éstos, tienen el potencial eléctrico contrario, es decir, negativo. La polaridad del RFQ cambia con radiofrecuencias del orden de cientos de Megahertz. Estos cambios de la polaridad permiten que el RFQ enfoque en el plano perpendicular al eje de la máquina. Lo que se está produciendo en forma efectiva es una estructura FODO (que ya ha sido mencionada con anterioridad); esta simulación de las lentes convergentes y divergentes se logra en el RFQ por los campos eléctricos de los polos.

El factor realmente innovador del RFQ lo constituye la forma de las venas, que son los polos del acelerador. A lo largo de la estructura se introducen deformaciones mecánicas en la forma del polo (véase figura I.4). Debido a estas "imperfecciones" aparecen componentes de los campos eléctricos de diferente signo en la dirección de movimiento, de tal forma que aceptan y empaquetan los protones de la fuente, y posteriormente los aceleran. Los RFQ se han convertido en la actualidad en las máquinas más populares de protones o iones pesados a bajas energías, ya que son muy compactos y evitan todos los problemas de los Cockroft-Walton.

Un problema crítico en la construcción de un RFQ es que la cavidad cilíndrica que alberga las venas se divide en cuatro cuartos de cavidad que deben ser sintonizados en forma independiente y resonar en sincronía. Recientemente, un grupo de físicos aplicados en Frankfurt, dirigidos por H. Klein, produjo una estructura alternativa que se compone de una sola cavidad y cuatro barras cilíndricas trapezoidalmente deformadas para pro-

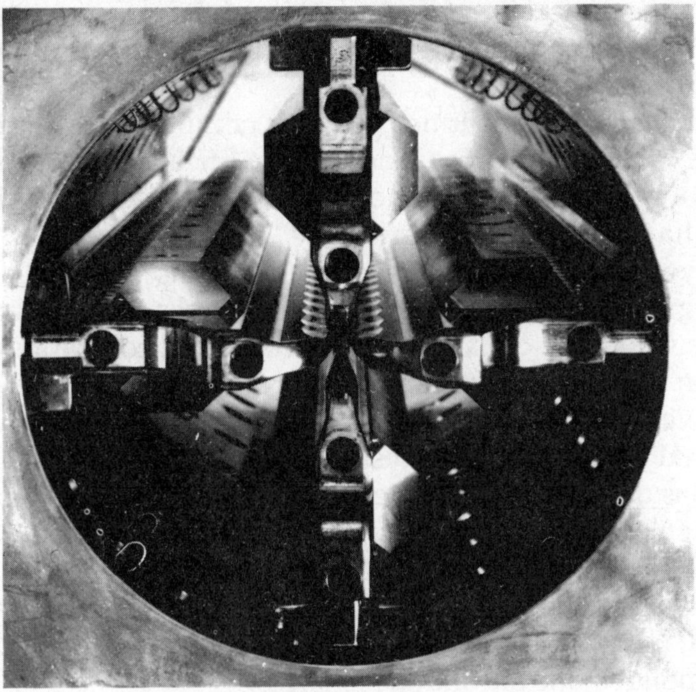

FIGURA I.4

ducir los campos. Este acelerador es menos crítico desde el punto de vista de ingeniería de radiofrecuencia.

Los aceleradores de electrones también tienen una fuente, la que comúnmente se llama cañón de electrones. Este cañón se compone de un filamento que al calentarse emite electrones, los cuales son atraídos hacia el ánodo del cañón, por donde salen los electrones. Estos electrones, al igual que los protones de una fuente, son lentos y difíciles de atrapar por una estructura aceleradora. Así pues, por lo general se construye una pequeña estructura llamada *prebuncher* que empaqueta a los electrones. Realmente lo que hace este *prebuncher* es empaquetar a los electrones en el espacio momental, es decir, en el de las cantidades de movimiento, para uniformar la velocidad de las partículas a la vez que las acelera hasta alcanzar la velocidad de la luz. Desde aquí en adelante todos los electrones viajan a velocidad constante y su aumento de energía se traduce en un aumento de la masa del electrón.

Tanto en protones o iones pesados como en electrones, después de estas estructuras de acelerador lineal de energías relativamente bajas siguen otros aceleradores que llevarán a las partículas hasta energías del orden de 200 a 600 MeV, suficientes para inyectar a un sincrotrón como los ya discutidos. La región en energía más crítica es el comienzo; una vez que las partículas van a la velocidad de la luz, tienen velocidad constante y no resulta tan complicado "poner en fase" los campos del acelerador con las velocidades de las partículas aceleradas. Sólo un comentario final deseamos hacer respecto a los *linacs* que llevan a las partículas de unos cuantos MeV a cientos de MeV. La fuerza que acelera en esas máquinas, como la de Álvarez (protones) o la de SLAC (electrones), se da a lo largo de la dirección de movimiento y, obviamente, carece de fuerzas de enfocamiento. Por esta razón se incluyen en ciertas partes del acelerador lineal imanes cuadrupolares que enfoquen los haces.

Si pensamos con cuidado, nos daremos cuenta que casi todos los problemas de física e ingeniería que se consideran en la actualidad en la construcción de un acelerador de altas energías provienen de la capacidad limitada de aceleración de las cavidades resonantes. De aquí que un problema fundamental en la investigación en física de aceleradores estriba en encontrar campos electromagnéticos mayores que los producidos por las cavidades resonantes. Una posible solución es disponer de los campos dentro de un átomo o al menos en un sólido, pero nadie sabe cómo. Otra solución que se está intentando es utilizar luz láser para lograr mayor transmisión de energía por unidad de longitud en un tiempo razonable. El problema está planteado pero, ¿se puede mejorar la herramienta? Se necesitan hombres y mujeres que, golpeando organizadamente, descubran, aunque casi sea por accidente, cómo mejorar los aceleradores: el bisturí para llegar al corazón de lo más íntimo de la materia.

# II. DETECTORES

LOS DETECTORES constituyen, de hecho, extensiones de nuestros sentidos. Los sentidos humanos son sensores que recogen una cantidad de información de una versatilidad inigualable, y resulta un poco chocante aceptar que un elemento sensor de menos posibilidades pueda constituir una extensión de las capacidades sensoriales del hombre. Esto, no obstante, resulta fácil de comprender si reparamos en el hecho de que es precisamente al sacrificar versatilidad que se gana en agudeza. Los detectores de partículas tienen como tarea: determinar la posición, precisar el instante en que se efectuó un evento, identificar partículas y determinar su energía. No existe, sin embargo, un detector que pueda efectuar estas cuatro operaciones. Se requieren combinaciones de varios detectores que realicen todas esas mediciones.

Por ejemplo, los detectores de centelleo son los más rápidos en respuesta y se emplean para determinar el instante en que sucedió el evento. Su resolución temporal es del orden de 150 picosegundos y toman un tiempo muerto de 10 nanosegundos. Sin embargo, la resolución espacial que dan es muy pobre; no proveen información sobre la identidad de la partícula, y si se usan para medir energías, se pierde velocidad, es decir, se pierde su magnífica resolución temporal.

Detectores opuestos son las emulsiones, y debería agregar fotográficas, porque funcionan de la misma manera que las placas o películas fotográficas. Su resolución espacial es inigualable, ± 1 micra, pero no proveen información temporal por sí solas.

Algo intermedio son las cámaras multialámbricas en modo de deriva, que tienen tiempos de resolución del orden de 2 nanosegundos, con tiempos muertos de cerca de 100 nanosegundos y resoluciones espaciales que van de 50 a 300 micras. Estas cámaras ya son, prácticamente, una combinación de centelleador y cámara multialámbrica; en la actualidad son los detectores más utilizados para determinar las posiciones de partículas en experimentos de física de altas energías. Pero si bien estos dispositivos resultan muy útiles para proporcionar información sobre la posición espacio-temporal de las partículas, son totalmente "ciegos" a partículas neutras, e incapaces de dar información sobre la identidad de la partícula cargada que generó el evento.

Para detectar partículas neutras, se necesitan calorímetros. Para medir la cantidad de movimiento de una partícula cargada, se requiere un campo magnético y cámaras multialámbricas que den información de la deflección en el campo. Para identificar partículas cargadas se utilizan detectores Cherenkov, entre otros.

## El arte de detectar

Detectar una partícula elemental relativista no es algo al alcance de nuestros sentidos. Nuestros sentidos, tan maravillosos, son prácticamente ciegos a muchos eventos físicos en la naturaleza. Requerimos una extensión, una herramienta que agudice alguna capacidad sensorial y nos permita realizar el acto cognoscitivo de detectar el momento en que algo sucedió. También queremos saber dónde aconteció el fenómeno, y si los actores tenían masa, cuál era su valor. Y como si esto no fuera suficiente, demandamos conocer la energía de los entes que al interactuar generan lo que llamamos un evento.

La tecnología moderna nos ha dado los transductores, que son aparatitos que convierten alguna cantidad física de interés en una señal eléctrica. Por ejemplo, cambian temperatura en voltaje. Si sabemos qué voltaje corresponde a qué temperatura, y cuánto cambia aquél cuando ésta varía, entonces podemos construir un termómetro electrónico. Hay muchas clases de transductores; son algo así como las yemas de los dedos que reaccionan al tacto; ahí empieza todo.

Sin embargo, como precisamente al incrementar la agudeza se pierde la versatilidad, los detectores electrónicos actuales son incapaces de detectar todo lo que quisiéramos saber de un evento producto de la interacción de las partículas elementales. Diferentes tipos de detector detectan diferentes aspectos del evento, así que debemos conocerlos todos y diseñar el arreglo de detectores que sean apropiados para producir la información requerida.

### *Lo que queremos detectar*

Las partículas subatómicas, objeto del estudio de la física de altas energías, tienen una masa muy pequeña, al grado de que su movimiento acusa comportamientos cuánticos, y las velocidades a que se trasladan son tan cercanas a las de la luz que no pueden ocultar un comportamiento relativista. Las partículas subatómicas, que si bien viven fracciones de microsegundos en reposo debido a su movimiento relativista, viven lo suficiente como para que las podamos analizar y podamos conocer sus características. ¿Cuáles son esas características de las partículas elementales que nos interesa reconocer, en otras palabras, medir? En nuestra discusión sobre el movimiento de una partícula en un acelerador nos referíamos al espacio fase. El espacio fase es el espacio matemático formado por las posiciones de las partículas y las cantidades de movimiento. De una partícula elemental nos interesa su posición, su velocidad, su masa y cualquier otra cualidad que la distinga. Por ejemplo, podemos hablar de partículas derechas, con carga eléctrica, con espín, etc. En la mayoría de los casos es suficiente medir la posición de la partícula en el espacio fase para determinar su posición en el espacio de cantidades de movimiento, y determinar su energía para identificarla. La determinación de los demás números cuánticos servirá para investigar la dinámica de producción de esa partícula y con ello se contribuirá al conocimiento del mundo submicroscópico. Pero esta determinación requiere un análisis de los datos que la hace más indirecta y complicada.

Detectar es la manera moderna de decir medir. Es como si dijéramos palpar o tantear un objeto en un cuarto oscuro; en cambio, si en ese cuarto hubiera luz, simple y sencillamente mediríamos el objeto. Supongamos que detecto algo. ¿Cómo sé que lo que detecto es correcto? ¿Cómo sé si la energía de una partícula dada en un evento dado tiene 50 GeV, por ejemplo? ¿Cómo sé que este número es correcto? La única manera que tengo de averiguarlo consiste en repetir la medición y ver si obtengo ese número. Y la verdad sea dicha, si no hacemos trampa, lo más seguro es que los dos resultados sean diferentes. ¡Ah!, pero si lo hicimos bien, esos dos números no deben diferir por mucho. Lo que pasa es que siempre hay perturbaciones que cambian el resultado. Así que para que una medición tenga sentido, debemos informar sobre el error posible, es decir, si repetimos la detección, ésta va a diferir de la anterior cuanto más en ese error posible.

Hay dos clases de errores: los estadísticos y los sistemáticos. Los estadísticos se refieren a aquellas pequeñas perturbaciones externas que se presentan al azar, en diferente momento y con diferente intensidad, por ejemplo, fluctuaciones del voltaje, una vibración del equipo, etc. Los errores sistemáticos son los que se deben al detector o conjunto de detectores que por haber sido dispuestos en una cierta forma introducen un error en la medición. Por ejemplo, la calibración del detector. Esta última fuente de error parece ser fácil de eliminar; no obstante, en los sistemas de detectores actuales donde se invierte mucho tiempo, esfuerzo humano y recursos económicos, puede ser prohibitivo emplear demasiado tiempo para algo que al final de cuentas puede ser publicado como error sistemático. Una medición significativa debe tener una incertidumbre o error realista. No quisiera zambullirme en los pensamientos de casi tercer orden de grado de abstracción que rascan los límites de la filosofía, al analizar si lo que detectamos tiene siempre el mismo valor, y de ser así, si lo podemos conocer. Más me place discutir sobre los detectores, que me ensanchan los límites de los sentidos y me permiten escudriñar las altas velocidades (relatividad) y masas pequeñas (mecánica cuántica), que me permiten efectuar repetidas mediciones y detectar el microcosmos, pudiendo a la vez estimar mis errores en la medición.

La Alta Escuela de Tecnología de Aachen se encuentra precisamente ahí, en Aix-la-Chapelle, en el Aquisgrán, que fuera capital del Sacro Imperio Romano de Carlomagno. Y con el estímulo de la intelectualidad de fines del Imperio Romano, discutir arreglos de detectores Cherenkov, centelladores y cámaras multialámbricas se vuelve un placer. En ocasión de una visita que hice al Instituto de Hemult Faissner, conversé con un investigador sobre cómo la década de los ochenta veía el alejamiento de las cámaras de burbujas para dar paso a los contadores, a los detectores electrónicos que generan cuentas. Las cámaras de burbujas, que literalmente permitían ver un evento al unir las trazas de las burbujitas que cada partícula deja en su trayectoria del punto de interacción hacia afuera de la cámara, nos daban una foto cada segundo, y no todas eran buenas. Era preciso aumentar la estadística; aunque la información no fuera tan pictórica, era imperativo disminuir los errores estadísticos. Urgía ir a los contadores.

No existe un detector capaz de detectar todas las posibles características de las partículas elementales, ni siquiera las mínimas como posición y energía. Si hojeamos un libro sobre detectores o algún artículo de investigación experimental, leeremos cosas como "fotomultiplicadores, centelladores, hodoscopios, cámaras multialámbricas, cherenkovs, calorímetros, etc.", sólo para mencionar los más modernos. Cada uno de estos nombres se refiere a un tipo de detector que realiza una función específica. Lo que actualmente se denomina detector en la física de altas energías, es en realidad un sistema de detectores como los mencionados entre comillas, puestos a trabajar de tal forma que efectúen las mediciones del micromundo, de un experimento específico.

Separaremos en dos clases la medición de las diversas características de las partículas elementales: la que tiene que ver con su movimiento en sí, con dónde y cuándo sucede un evento, y con qué velocidad y cantidad de movimiento; la otra medición de características, que llamaré números cuánticos internos, se refiere a propiedades como el espín, relación de una partícula con otra debido a su carga eléctrica (isospín), etc. Para determinar estas características internas de las partículas se requiere un análisis de los datos, una selección de eventos. A esto nos referiremos en el capítulo III.

Los errores estadísticos disminuyen aumentando el número de mediciones sobre el objeto estudiado. Se repiten los eventos y algunos saldrán para allá, otros para acá, y a la capacidad del detector para aceptar los resultados en las diversas direcciones se le llama aceptancia geométrica. La aceptancia geométrica es una fracción cuyo numerador está dado por la cantidad de eventos detectados y cuyo denominador es la cantidad de eventos producidos. El numerador supone que la eficiencia de detección es uno y sólo impone el área efectiva de detección. Nos interesa, además, poder distinguir entre evento y evento detectados. ¿Qué tan cerca pueden suceder dos eventos? o ¿qué tan cerca pueden viajar dos partículas sin que se confundan con una sola? La segmentación o granularidad del detector nos da esta información. Esos dos conceptos, la aceptancia geométrica y la segmentación, son muy importantes al interpretar los resultados de un detector.

Utilizamos un centellador para medir el instante en que sucede un evento. Un centellador está hecho de un material tal que cuando una partícula cargada pasa por él, ésta cede energía por choques e interacciones eléctricas; la energía es absorbida por el material centellador y se excita, para luego volver a su estado original emitiendo luz, es decir, centelleando. Ese centellear es como una de esas estrellitas que observamos a lo lejos y que desaparece y vuelve aparecer como si se apagara. El centellador de repente despide luz, después no. Es un proceso aleatorio que, tomado todo junto, hace que el centellador sea un instrumento que reacciona muy rápido cuando una partícula cargada pasa por él. Es por esto que nos sirve para medir tiempos, porque reacciona muy rápido.

Veamos un poco más de cerca el mecanismo por el cual una partícula cargada cede energía a un material con el que interacciona. Sin intentar una explicación microscópica, quisiera que reflexionáramos en términos intuitivos de la siguiente forma. Si una partícula, un electrón, un protón, etc., penetra en un centellador a muy baja velocidad y avanza lentamente en el medio, tiene mucho tiempo para interactuar y, por lo tanto, perder energía, mientras que si viniera más rápido, atravesaría el material sin tener mucho tiempo de "conversar con él", de darle parte de su energía.

A este proceso se le llama "de E en de equis" y se escribe dE/dx. Se refiere al cambio en energía (dE) que sufre la partícula por unidad de longitud (dx) del detector que atraviesa. Este proceso, como ya vimos, depende de qué tan rápido viaja la partícula que penetra el centellador. Así pues, dE/dx disminuye al aumentar la velocidad de la partícula que deseamos detectar. Pero llega un momento en el que la velocidad de la partícula es tal que empiezan a ocurrir ciertos efectos relativistas, y el espacio efectivo al que la partícula tiene acceso crece y entonces tiene oportunidad de interaccionar con zonas del material que antes le quedaban muy lejos y, por consiguiente, aumenta la pérdida de energía. dE/dx disminuye primero hasta un punto mínimo y después aumenta lentamente, tal como se muestra en la figura II.1.

Cada partícula, electrón, protón, muón, pion, etc., tiene cualitativamente la misma forma de esta curva, pero en el detalle son diferentes. Cada una tiene una forma particular de dE/dx. Es

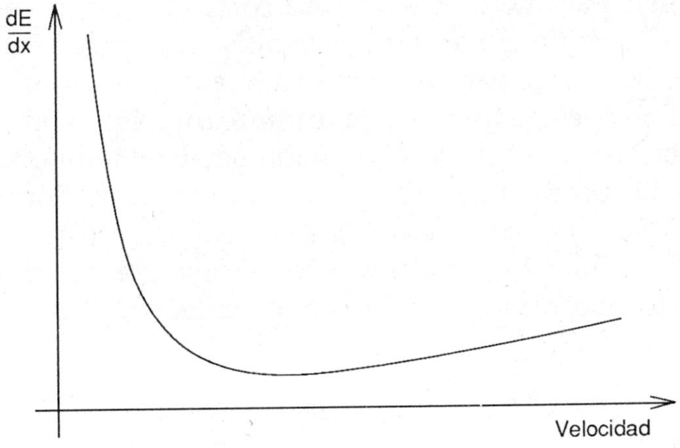


FIGURA II.1

como su huella digital: todos los muones tiene una curva dada diferente a la de todos los protones, electrones, etcétera.

Es de esta forma como las partículas cargadas pierden energía, cediéndola al material que atraviesan. Consideremos un centellador. Esa energía que el centellador gana es emitida nuevamente por éste en forma de luz, y recolectar esa luz constituye una forma indirecta y poderosísima de detectar partículas cargadas. Como este proceso es muy rápido, resulta útil para determinar el momento en que la partícula atravesó el centellador. Si consideramos un detector gaseoso de alambres, esa energía es cedida al gas, el cual es ionizado y en este proceso se producen electrones, que son atraídos por los alambres del detector para generar la información electrónica.

Esta energía se convierte, de una manera u otra, dependiendo del tipo del detector, en pulso eléctrico, del cual extraeremos la información requerida. Un pulso eléctrico obtenido de depositar energía por interacción de una partícula cargada en el material, es una señal de corriente que contiene tres características de las que obtenemos diversos tipos de información. Esas características son: la rapidez con que cambia la señal, su altura y el área bajo su curva. Qué tan rápido cambia la señal nos informa sobre cuándo se produjo el evento y es esencial en los criterios de selección. Este parámetro nos ayuda a correlacionar diferentes sucesos en el tiempo. La altura de un pulso nos indica qué tan intensa fue la interacción. Y el área bajo la curva nos relaciona la cantidad de energía depositada durante un cierto tiempo. Estos tres parámetros nos proporcionan información temporal y energética de las partículas, pero por sí solos no dicen dónde ni con qué cantidad de movimiento. Si conocemos la posición del elemento electrónico que produjo el pulso, éste da información espacial, con un error debido a sus dimensiones físicas.

## Cuándo sucede un evento

Hemos visto que la manera más eficiente de determinar cuándo sucede algo es por medio de un centellador, el cual consta de tres partes esencialmente: el material centellador en sí, una guía de luz y un fotomultiplicador.

El fotomultiplicador es el amplificador electrónico más rápido que existe; consta de un ánodo, un fotocátodo y varios dinodos. El fotocátodo es una ventana lo más transparente posible para penetrar la luz; en su parte interna se ha depositado un material en el que inciden fotones, que son absorbidos por el fotocátodo, y que emite electrones. Como el cátodo es negativo, los electrones son repelidos y atraídos por el primer dinodo. Los dinodos son plaquitas con un potencial eléctrico intermedio generalmente entre el ánodo y el fotocátodo, y están construidos de tal forma que cuando un electrón incide sobre un dinodo, éste produce al menos dos electrones, dando lugar así al proceso de multiplicación. Generalmente un fotomultiplicador tiene un *socket* donde se enchufa. Sobre el *socket* se construye un circuito electrónico para distribuir el potencial eléctrico requerido en el interior del fotomultiplicador, y se conectan las diversas patitas del mismo (que están enchufadas) de modo tal que se produzca dentro del fotomultiplicador la distribución de voltaje deseado. Este distribuidor deberá tener elementos necesarios para el filtrado de la señal, a efecto de ajustarse a las aplicaciones específicas deseadas. El *socket* con el distribuidor y filtro se monta sobre una estructura mecánica denominada base, que cubrirá el circuito mencionado, dejando sólo hacia afuera los conectores para la alimentación del alto voltaje y salida de la señal del ánodo y, en ocasiones, del último dinodo.

Es evidente que al aumentar el número de dinodos en un fotomultiplicador, se incrementa la multiplicación de la señal y por consiguiente el factor de amplificación, pero la señal se retrasa porque crece el tiempo de tránsito de la señal por los diferentes pasos. Esta mejoría en el factor de amplificación tiene otro precio: debido a que se aumentan los pasos de multiplicación, aumenta el ruido sobre la señal.

Cuando un fotomultiplicador se pone en operación dentro de una caja negra donde aseguramos que el fotomultiplicador no recibe luz, éste produce una señal que se llama corriente negra.

Esto obedece a que los electrones en los dinodos tienen un movimiento térmico y algunos de ellos pueden ser "arrancados" por los potenciales a los que se someten los dinodos, produciendo una corriente que será ruido en la señal real. Así que si aumentamos el número de dinodos, aumenta la amplificación de la señal, ésta se retrasa y el ruido se incrementa. El diseño del divisor de voltaje para los dinodos deberá ajustarse a la aplicación específica que deseemos.

Cuando una partícula cargada pasa por un material centellador, éste produce luz, que es guiada hacia un fotomultiplicador para ser convertida en una señal electrónica.

El centellador plástico que se utiliza en altas energías es de un material orgánico de moléculas fácilmente excitables por la energía que pierde la partícula cargada que atraviesa el centellador. Al desexcitarse, esas moléculas emiten luz, que es la que dará la clave de cuándo sucedió el evento. La guía de luz es generalmente lucita, que permite poca variación en los índices de refracción al pasar la luz del centellador a la guía y de ésta al fotomultiplicador. El material centellador es transparente a la luz visible, por lo que debe ser cubierto con un material reflejante hacia adentro, es decir, con un material que haga que la luz producida en el centellador no se salga, salvo por donde se conecte con la guía de luz que llevará a ésta hacia el fotomultiplicador. Casi siempre se emplea papel aluminizado para cubrir al centellador, ya que este material impide la salida de la luz; después es cubierto también con un material casi siempre negro que absorbe luz e impide que luz de afuera penetre al detector.

## CÓMO CORTAR Y PULIR UN CENTELLADOR PLÁSTICO

El centellador plástico es el detector más rápido, con tiempos de resolución del orden de 150 picosegundos y tiempo muerto de 10 nanosegundos. Es de un material orgánico que absorbe energía de las partículas cargadas que lo atraviesan, excitándose y cediendo a continuación esa energía en forma de luz. Es muy delicado al contacto con agentes químicos y calor. No debe ser sometido a esfuerzos mecánicos.

Para cortarlo se debe usar aceite mineral, a efecto de evitar el calentamiento, y una sierra fina que avance lentamente. Con esto se impide el calentamiento y la fragmentación del centellador.

Para pulir la superficie cortada, en la que en ocasiones se encuentra papel pegado con el que el centellador viene cubierto de fábrica, primero se utiliza papel lija para madera número 400, y después del 600, con una poca de agua si es preciso. Esta acción se efectúa sobre una mesa plana y lisa, donde se pone la lija, y encima se talla el centellador. Si uno siente en los dedos como que está raspando, hay que suavizar la acción para evitar daños al material. Después se pule con metal líquido. Es recomendable utilizar guantes de algodón al efectuar la acción descrita. La lucita se puede pulir en forma similar aunque no requiere tantos cuidados. Utilice pegamento epoxy para pegar la lucita con el centellador.

Un centellador es muy rápido en respuesta, pero tiene una localización espacial muy pobre. Esta última desventaja puede capitalizarse como virtud si usamos el centellador para vetar el espacio cubierto por él. En el siguiente capítulo hablaremos de *triguers*, los cuales son criterios de selección de eventos físicos; por ejemplo, el investigador podría desear algo que se fuera en una determinada dirección y vetar eventos que adoptaran un rumbo distinto. La lógica dirá que cuando el centellador de veto produzca un pulso es porque ahí pasó una partícula y por lo tanto ese evento no se tomará. Para que el evento se acepte es necesario que el centellador de veto no produzca señal alguna. Huelga decir que este detector tendrá que ser muy "silencioso", no deberá producir ruido, para que podamos distinguir claramente cuándo se produjo un pulso, caso en el cual el centellador emitió luz, de cuándo no se produjo. Esto se logra con electrónica subsecuente en la que la señal es discriminada esencialmente por un oscilador monoestable, que se dispara sólo si la señal que le llegó tiene una altura mínima mayor que la máxima altura del ruido del fctomultiplicador.

Otra aplicación muy popular de los centelladores son los hodoscopios. Pensemos en un centellador delgado y largo. Este centellador dará buena resolución temporal, y la resolución espacial será pobre a lo largo del detector y bastante mejor a lo ancho, es decir, en la dimensión más estrecha. Con este tipo de detectores podemos construir cuadrículas con centelladores cruzados perpendicularmente de forma tal que la resolución espacial se mejore. Un hodoscopio tiene, pues, muy buena resolución temporal y una resolución espacial moderada. Como veremos a continuación, la resolución espacial puede ser incrementada considerablemente por las cámaras multialámbricas. Las dos aplicaciones más populares de los hodoscopios son como detectores de veto segmentados o como medidores de tiempo de vuelo para identificar partículas lentas.

## Cámaras multialámbricas

Las cámaras multialámbricas se usan principalmente para conocer las trayectorias de las partículas. El interés principal en conocer las trayectorias radica en medir la cantidad de movimiento que las partículas tienen. Las cámaras multialámbricas miden coordenadas que permiten interpolar las trayectorias, siempre en compañía de un campo magnético que altera la trayectoria, pero sin hacer trabajo sobre ellas, es decir, la energía cinética de la partícula no cambia. Conociendo ese campo como agente externo, podemos inferir la cantidad de movimiento de cada una de ellas. En la configuración más sencilla se utilizan dos cámaras multialámbricas para medir líneas rectas antes de que las partículas ingresen a una zona donde existe un campo magnético perpendicular a la dirección del movimiento, donde se deflectan las trayectorias. Después de sufrir esa deflección, las partículas siguen de nuevo una línea recta, determinada también por, al menos, dos cámaras colocadas después del imán. Digo al menos dos cámaras porque son dos puntos los necesarios para determinar una línea recta; sin embargo, si se utiliza una cámara extra para una determinación redundante, la eficiencia de detección aumenta considerablemente.

Si se dispone de un imán de apertura en cuyo interior se pueden colocar las cámaras, entonces éstas estarán midiendo coordenadas de trayectorias curvas de las que, extrayendo el radio de curvatura y conociendo la intensidad del campo, se puede inferir la cantidad de movimiento de las partículas. Un espectrógrafo que tenga un imán con estas características —con las cámaras situadas dentro del imán— resulta un detector de multipartículas altamente compacto. El carácter compacto del detector puede resultar útil, dependiendo del experimento de que se trate. Podemos concebir situaciones en las que nos interesen detectores de dimensiones físicas tales que lo que menos importe sea la compactibilidad: por ejemplo, en casos en los que se requiere medir el tiempo de decaimiento de partículas elementales altamente relativistas.

Una cámara multialámbrica consta de varios planos de alambres. En cada plano los alambres están colocados en forma paralela, y de un plano a otro debe haber un ángulo que permita definir coordenadas por el cruce de alambres en planos perpendiculares a la dirección de movimiento de las partículas.

Las dimensiones de una cámara pueden ser, por ejemplo, 80 cm por 1.20 m por 20 cm. Dentro de la cámara, además de los alambres, existe un gas que produce electrones como consecuencia de la energía depositada en el detector por la partícula detectada. Algunos planos de alambres estarán a un potencial positivo y los otros a uno negativo, y siempre nos interesará que desde el exterior la cámara sea eléctricamente neutra, mecánicamente rígida y químicamente estable. Los aspectos químicos los trataremos al discutir los gases que producen la señal electrónica por ionización.

Las cámaras se construyen para funcionar en alguno de los dos modos, el proporcional o el de deriva. El modo de deriva fue inventado con el objeto de producir cámaras que cubrieran áreas muy grandes (por ejemplo, 3 m por 4 m). Los diámetros de los alambres son generalmente de entre 10 y 30 micras y su tensión mecánica deberá ser del orden de 100 g para resistir los efectos electrostáticos, ya que las diferencias de potencial por alambre son entre 3 000 y 5 000 voltios. Resulta evidente que la separación entre los alambres dará la resolución en posición de la cámara, y de ahí su capacidad para determinar la cantidad de movimiento de las partículas que la crucen. Nos interesa, pues, la mínima separación posible.

Consideremos la construcción de una cámara lo más sencilla que se nos ocurra. Tendrá sólo dos planos activos (ánodos) que atraigan a los electrones con los alambres a 90 grados de un plano al otro. Esta configuración requerirá un plano de cátodos entre los dos planos de ánodos, y dos planos más antes y después de los ánodos, para ponerlos a tierra y garantizar la terminación de los campos dentro de la misma cámara. Esto nos da cinco planos de alambres. Supongamos que deseamos una separación entre los alambres de 1 mm y que el área de la cámara sea de 2 m por 2 m. Cada plano tendrá 2 000 alambres, que a una tensión de 100 g por alambre da una tensión total de 200 kg por plano, lo cual significa una tonelada de tensión mecánica sobre los marcos de la cámara. Los requerimientos de rigidez mecánica son extraordinarios si recordamos que en un detector de este tipo para partículas elementales necesitamos la mínima cantidad de masa posible.

Las cámaras multialámbricas en modo de deriva tienen como objetivo disminuir el número de alambres para aumentar el área del detector agregando centelladores que permitan una medición auxiliar que ayude a no aminorar la resolución de la cámara. En estas cámaras, al separar los alambres tanto en los planos positivos como negativos, aparecen configuraciones de campos que provocarán distorsiones en el movimiento de las partículas, producto de la ionización del gas del detector. A veces, estas distorsiones pueden causar confusión degradando la resolución y en otras ocasiones retrasando la señal. Para evitar esto, se introducen en forma apropiada otros planos de alambres a potencial cero, con el único objetivo de configurar apropiadamente los campos. Las cámaras en modo proporcional utilizan únicamente los alambres disparados para determinar la zona donde cruzó la partícula. Que conste que decimos zona y no punto, ya que la resolución es finita (sería infinita si pudiéramos determinar puntos matemáticos), y a lo más que aspiramos es a minimizar esa zona detectada.

Las cámaras multialámbricas en el modo proporcional informan cuánta energía depositó la partícula ionizante en el medio activo de la cámara. La electrónica que equipa cada canal consta esencialmente de un convertidor analógico-digital que integra la corriente generada en los ánodos de la cámara, para de esta manera obtener la información de la cantidad de carga depositada en el tiempo de integración.

Las cámaras contienen argón. Este gas pierde un electrón cuando se excita con la energía que perdió la partícula elemental, la cual es detectada por la cámara cuando la atraviesa. En el lugar donde el átomo de argón se ioniza, queda entonces un ion positivo de argón y un electrón. El ion positivo empieza a moverse lentamente hacia el cátodo más cercano y el electrón es atraído por el ánodo que ejerce la mayor atracción sobre él. El electrón comienza a moverse casi a velocidad constante, se arrastra, se halla prácticamente a la deriva, como quien viaja en una pequeña barca que se enfila hacia una catarata; el movimiento es lento, pero poco a poco se va acelerando. Llega un momento en que el electrón se encuentra tan cerca del ánodo que este alambre ejerce toda su fuerza de atracción sobre él. Ahora, el campo se encuentra dominado por un solo alambre que para ese pobre electrón es prácticamente infinito. En estos casos los campos eléctricos varían en forma inversamente proporcional a la distancia radial al alambre, como si éste fuera el centro de un cilindro. Entre más se acerca el electrón, más fuerte es el campo, y el electrón empieza a moverse violentamente, empieza a caer en la catarata, adquiere casi tanta energía como la partícula que causó la ionización primaria sobre un átomo de argón donde se liberó nuestro electrón en cuestión. Cuando esto sucede, el electrón comienza a causar ionizaciones secundarias que producen otros electrones, los cuales, como se encuentran inmediatamente bajo la acción violenta de los campos del ánodo, adquieren rápidamente energía que les permite causar más ionizaciones, y así, en forma sucesiva, rápidamente se produce una avalancha de electrones. Esta avalancha llega al ánodo y produce una señal electrónica que indica cerca de cuál alambre sucedió la ionización primaria. Varios alambres que se cruzan cerca de donde pasó la partícula elemental se "prenden" y su intersección nos indica con alguna precisión dónde sucedió el evento, es decir, la zona donde ocurrió la ionización primaria.

Es claro que nos gustaría reducir esa zona donde pasó la partícula y produjo la ionización primaria, y una manera de hacerlo es medir cuánto tiempo le llevó al electrón primario llegar del lugar donde fue producido al ánodo que lo recogió. La medición se efectúa con la ayuda de un centellador: el centellador se coloca frente a la cámara y como los centelladores son tan rápidos, al pasar la partícula elemental que queremos detectar, ésta produce un pulso en el fotomultiplicador del centellador e inicia casi instantáneamente la ionización primaria. El pulso del centellador (por medio de su fotomultiplicador) acciona un cronómetro, que se detendrá cuando se produzca la señal con la llegada de los electrones al ánodo. De esta forma tenemos una medición auxiliar que viene a reducir la zona donde se produjo el paso de la partícula por la cámara. Con esta técnica es posible lograr precisiones del orden de 120 micras cuadradas en detectores que cubren áreas de aproximadamente 90 cm por 1.30 m.

Si bien los electrones nos pueden informar cuál fue el alambre que detectó el evento, son los iones positivos los que con su movimiento hacia los cátodos provocan la señal de la corriente. Los iones positivos son lentos y dan lugar a componentes de frecuencia muy baja en la corriente, que habremos de filtrar si queremos que nuestro detector se encuentre listo rápidamente para recibir otro evento.

La cámara no tiene sólo argón. Mientras el electrón se arrastra en dirección del ánodo más cercano, no pasa nada, pero cuando es atrapado, en la avalancha no se producen únicamente electrones secundarios sino también fotones y éstos pueden echarnos a perder todo. Uno de estos fotones producidos dentro de la cámara puede salirse o bien causar otra ionización primaria, que la cámara podría captar como una partícula cargada, aunque en realidad fuera sólo una simulación hecha por un fotón. Estos fotones son como fuego que tenemos que extinguir, y precisamente eso es lo que se hace. El argón del detector se mezcla con algún gas cuya molécula tenga muchos grados de libertad fácilmente excitables por fotones; la molécula actuará como una esponja, para que apenas se produzcan esos fotones, sean absorbidos y, en consecuencia, el fuego sea apagado. Gases apropiados para este fin son el isobutano, el metano, y varios más.

El agregar un hidrocarburo al argón tiene un efecto secundario en la cámara en ciertas aplicaciones. En condiciones de alta radiación, o sea, cuando muchas partículas están pasando por la cámara durante un tiempo suficientemente largo, el apagador (*quencher*) se polimeriza y cubre los alambres con un hule que lo aísla. Esto es fatal, porque el alambre ya no detecta. Para evitar el problema durante los experimentos de alta radiación (que son la inmensa mayoría en altas energías), se agrega un aldehído. De esta forma, generalmente se tiene un gas que es típicamente 26% de argón, 12.5% de isobutano y 1.5% de algún aldehído. Al finalizar la construcción del detector las cámaras contienen aire. Para ponerlas en operación conviene fluir la mezcla elegida a una razón de unos cuantos litros por minuto durante algunas horas, con objeto de asegurar que la mezcla en el interior de la cámara sea la deseada.

Los orificios de entrada y salida de gas a la cámara deberán estar construidos de una forma que se eviten turbulencias del gas dentro de la cámara que puedan afectar el comportamiento electrónico de la misma.

Los alambres que forman los ánodos de una cámara deberán ser equipados en forma independiente. Este equipamiento incluye: primero, una tarjeta de preamplificación con algunos elementos de filtrado, cuyo principal objetivo es bajar la impedancia de la línea por la que se transmitirá la señal y cancelar componentes de frecuencia baja; después serán incluidas una tarjeta de discriminación y una de digitalización de los tiempos de deriva. Posteriormente, continúa la organización del sistema de lectura de datos del detector.

## IDENTIFICACIÓN

La identificación de partículas elementales constituye uno de los problemas más fascinantes y difíciles. Por medio de las cámaras multialámbricas somos capaces de determinar la cantidad de movimiento de una partícula, y para poder identificarla debemos conocer su masa, por lo que requerimos de una medición que nos indique la velocidad de la misma. Momento es masa por velocidad, así que si conocemos la velocidad y el momento de una partícula, podemos conocer su masa y, de este modo, identificarla. Esta premisa implica que cada partícula elemental tiene una masa distinta a la de las demás, como hasta ahora ha sido el caso.

Empezaremos por discutir la forma más elemental de identificar partículas mediante una medición de la velocidad: midiendo el tiempo de vuelo de una partícula de un lado a otro. Ya sabemos que la manera más conveniente de calcular este tiempo es con centelladores; por consiguiente, lo que se hace es medir la diferencia de tiempo que hay entre los instantes en que dos diferentes centelladores se "dispararon" cuando los atravesó una partícula. La diferencia de tiempo entre los dos centelladores multiplicada por la velocidad de las partículas es igual a la distancia entre ambos detectores.

De la relatividad podemos calcular la velocidad de la partícula si conocemos su masa y su cantidad de movimiento. Así llegamos a la siguiente fórmula:

$$\Delta t = \left(\frac{\Delta x}{c}\right)\frac{\sqrt{m^2c^4 + p^2c^2}}{pc}.$$

En el cuadro II.1 calculamos los tiempos de vuelo para piones, kaones y protones de un GeV y de tres GeV en una distancia de 12 pies, usando un valor para la velocidad de la luz de un pie por nanosegundo. Como se puede apreciar en dicho cuadro, las diferencias de tiempos de vuelo de esas partículas a un GeV de cantidad de movimiento van de 1.26 a 4.34 nanosegundos, mientras que a tres GeV las diferencias son de ¡148 a 558 picosegundos! Con la tecnología actual, medir diferencias de tiempo de vuelo en picosegundos resulta muy difícil y a lo más que se puede aspirar es a resoluciones del orden de 450 picosegundos, por lo que el método de identificación por medición de diferencias de tiempo de vuelo se vuelve rápidamente ineficiente a altas energías.

CUADRO II.1

| Tiempo de vuelo en nanosegundos | | | Momento de la partícula |
|---|---|---|---|
| π | κ | ρ | |
| 12.112 | 13.379 | 16.452 | 1 GeV |
| 12.012 | 12.16 | 12.57 | 3 GeV |

A bajas energías donde las cantidades de movimiento son de un GeV o menos, las diferencias de tiempo de vuelo son de por lo menos 1.5 nanosegundos, que si bien no es algo que podamos decir que es fácil de manejar, sí está al alcance tecnológico en nuestros días.

Otra manera de identificar partículas que es en especial ineficiente a bajas energías y que funciona muy satisfactoriamente a energías intermedias, desde 2 hasta 40 GeV, es el empleo de los detectores Cherenkov. Estos detectores están basados en el siguiente principio: cuando una partícula cargada se mueve en un medio con una velocidad mayor que la velocidad de la luz en ese medio, entonces se produce luz conocida como luz cherenkov. En la figura II.2 formamos un triángulo con el vector velocidad de la partícula en cierto medio de índice de refracción *n*, haciendo un ángulo $\Theta_c$ con el vector de velocidad de la luz en ese medio.

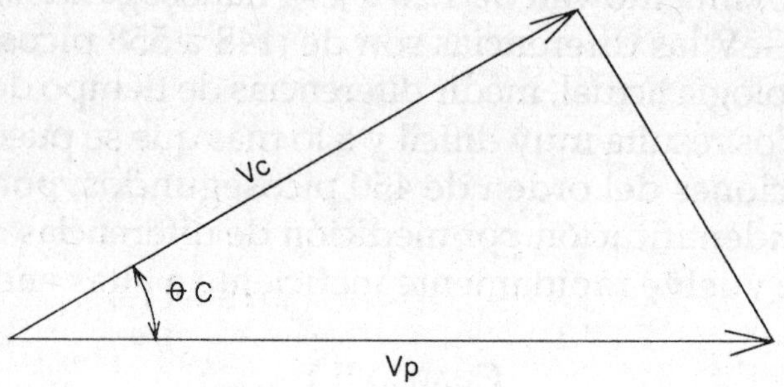


FIGURA II.2

Así llegamos a la expresión siguiente:

$$\cos \Theta_c = \frac{\sqrt{p^2 + m^2}}{n \; p}. \tag{1}$$

De la ecuación (1) podemos deducir que una partícula de cierta masa *m*, en un medio de índice de refracción *n*, llega a tener tal valor del momento que se produce luz cherenkov. A valores de su velocidad menores no se emite luz cherenkov. A continuación presentamos una tabla de valores del coseno del ángulo cherenkov para tres tipos de partículas, piones, kaones y protones, en un medio con índice de refracción $n$=1.001229 (isobutano).

Es evidente que las partículas livianas son las que empiezan a radiar primero. Dicho en otros términos, conforme se aumenta la energía de las partículas, los umbrales se van abriendo. Y ésta es la utilidad de los Cherenkovs de umbral; se puede diseñar una sucesión de Cherenkovs con diferentes umbrales, dados por diferentes radiadores, que nos permita identificar piones, kaones y protones.

| | $\pi$ | $\kappa$ | $\rho$ |
|---|---|---|---|
| a 2 GeV | 1.001 | 1.028 | 1.103 |
| a 3 GeV | 0.998 | 1.012 | 1.042 |
| a 5 GeV | 0.990 | 0.993 | 1.003 |

Supongamos que tenemos tres detectores Cherenkov en serie por los que pasa un haz de partículas de momento bien definido, digamos tres GeV, con una mezcla de piones, kaones y protones. Cada uno de ellos produce luz cherenkov con diferente partícula, digamos que $C_0$ detecta piones, $C_1$ detecta kaones y $C_2$ detecta protones. De aquí que el *triguer* para detectar piones sea que $C_0$ produzca luz y $C_1$ y $C_2$ no la produzcan, es decir,

$$C_0 \, . \, \bar{C}_1 \, . \, \bar{C}_2 = 1.$$

De acuerdo con esto, siguiendo las técnicas de álgebra booleana o de electrónica digital —lo cual es lo mismo—, la tabla de verdad del sistema de tres Cherenkovs para discriminar piones de kaones y protones es

| | $C_0$ | $C_1$ | $C_2$ |
|---|---|---|---|
| $\pi$ | V | F | F |
| $\kappa$ | V | V | F |
| $\rho$ | V | V | V |

F es falso, o lo que es igual, el detector no produjo luz, y V es verdadero, con lo que se indica que ese Cherenkov sí produjo luz.

Discutamos ahora la producción de luz cherenkov. Ya sabemos qué condiciones se requieren para la aparición del efecto cherenkov; veamos ahora qué tanta luz se produce y cuánta necesitamos para una detección eficiente. El número de fotones producidos para el efecto cherenkov es proporcional a la longitud del radiador, o sea, la longitud recorrida por la partícula dentro del medio en el que se produce el efecto cherenkov, y es también proporcional al cuadrado del seno del ángulo cherenkov.

Para tener una idea de estos números, recordemos que en el nitrógeno a presiones atmosféricas se produce un fotón por pie de longitud del radiador; si el radiador es isobutano, a la misma presión, produce unos cuatro fotones por pie de longitud. Ahora bien, en un fotomultiplicador la ineficiencia de detección de $N$ fotoelectrones es $e^{-N}$, o lo que es equivalente, la eficiencia de detección será $1- e^{-N}$. En el caso de que incrementemos el número de fotones producidos en el radiador, aumentará correspondientemente la eficiencia de detección de la partícula que produjo el efecto cherenkov. Sin embargo, no es posible aumentar las dimensiones del radiador indiscriminadamente, ya que esto afecta las dimensiones del espectrómetro del que el Cherenkov forma parte, y puede traer consecuencias indeseables, por ejemplo, disminuir la aceptancia geométrica del espectrómetro.

Le toca el turno a la luz cherenkov misma; veremos qué providencias deben tomarse para poder detectarla, recolectarla. La luz cherenkov no tiene una longitud de onda bien definida, o sea que no es de un color dado. Se halla distribuida en longitudes de onda como una potencia del inverso de la longitud de onda. En la figura II.3 se muestra cualitativamente esta distribución, que apunta hacia infinito para longitudes de onda muy pequeñas y disminuye conforme aumenta la longitud de onda. Los expertos en óptica dicen que una distribución de ese tipo está dominada por el componente ultravioleta, porque el componente de luz visible es muy pequeño en comparación con el violeta. El sistema de recolección de luz en un detector Cherenkov debe tener en cuenta estas consideraciones, debe ser bueno para recolectar luz ultravioleta.

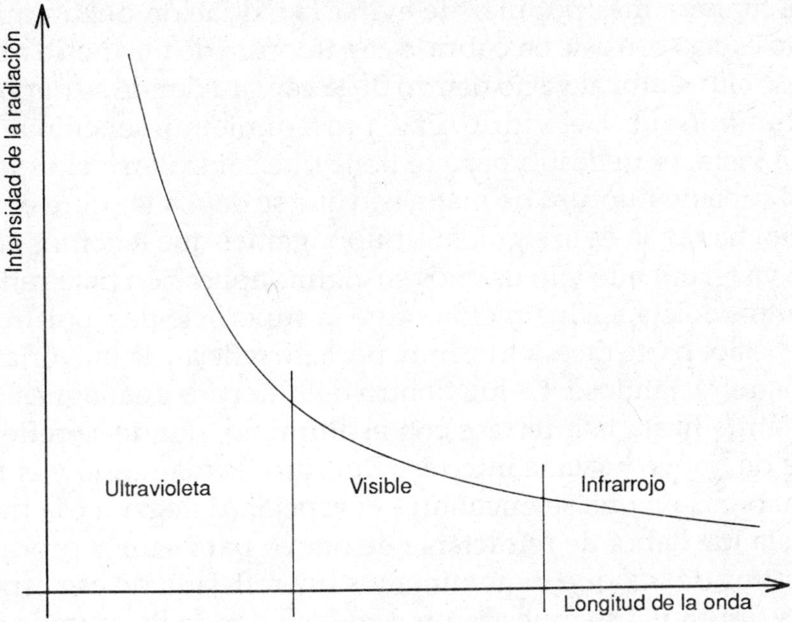


FIGURA II.3

Casi todo sistema de recolección de luz requiere de espejos. Un espejo de muy buena calidad se puede construir de aluminio, plata, cromo, etc. Consideremos un espejo de aluminio. Dado que el vidrio es un material inerte relativamente fácil de trabajar, en general se procede a obtener primero lo que será el espejo en vidrio, sobre el que se deposita una capita de aluminio para crear la superficie reflejante. Este proceso se efectúa dentro de una cámara de vacío. Cuando se saca el espejo de la cámara y se expone a la atmósfera, el espejo se oxida. Este hecho carece de importancia si el espejo va a ser empleado para reflejar luz visible, pero si lo que queremos es reflejar luz ultravioleta, simple y sencillamente no va a funcionar, porque al oxidarse el aluminio del espejo la reflectancia para longitudes de onda disminuye de un 90 o 95% para luz visible a un 50 o 40% para el ultravioleta. Al construir un espejo que será utilizado para reflejar luz ultravioleta, se debe evitar la oxidación del material reflejante, aluminio en nuestro caso.

La manera más popular de evitar la oxidación del aluminio en un espejo consiste en cubrirlo con fluoruro de magnesio mientras se encuentra al vacío dentro de la cámara donde se depositó el aluminio sobre el vidrio. Este procedimiento, sencillo a primera vista, es delicado porque tiene que controlarse el espesor de la capa de fluoruro de magnesio que se deposita sobre el aluminio. La razón es la siguiente. Supongamos que tenemos el espejo ya terminado y lo usamos en alguna aplicación para reflejar luz ultravioleta. La luz incide sobre la superficie de fluoruro de magnesio; parte de esa luz, muy poca, se refleja y la mayoría penetra, refractándose. La luz dentro del fluoruro de magnesio se transmite hasta la interfase con el aluminio, donde se refleja y viaja de nuevo hacia la interfase fluoruro de magnesio y el material o gas en que se encuentra el espejo. Al llegar a esa interfase, la luz habrá de refractarse de nuevo para salir y producir los rayos de luz que denominamos luz reflejada de ese espejo. En la figura II.4 se muestra un esquema donde ilustramos este mecanismo. Por consideraciones de interferometría, la parte de la luz cuya longitud de onda sea tal que su mitad multiplicada por el seno del ángulo de reflexión sea un múltiplo entero del espesor de la capa de fluoruro de magnesio, será transmitida (coherentemente) sin destruirse y, finalmente, reflejada. Llegan rayos de luz de diversas longitudes de onda, pero sólo aquellos que cumplan con la condición antes mencionada serán los que finalmente se reflejen. De esta forma uno escogerá la parte de luz cherenkov que desea recolectar y enfocar a un fotomultiplicador.

El fotocátodo de cualquier fotomultiplicador tiene su mejor funcionamiento en la región visible del espectro, y su eficiencia en la región del ultravioleta es pequeña. Como, además, el vidrio de que está construido el fotomultiplicador absorbe la luz ultravioleta, la luz que en forma efectiva se utilizará para producir una señal electrónica en un fotomultiplicador es en general muy poca. Una manera de mejorar esta situación es el empleo de fotomultiplicadores con ventana de cuarzo en vez de vidrio común y corriente, para que la ya de por sí poca luz ul-

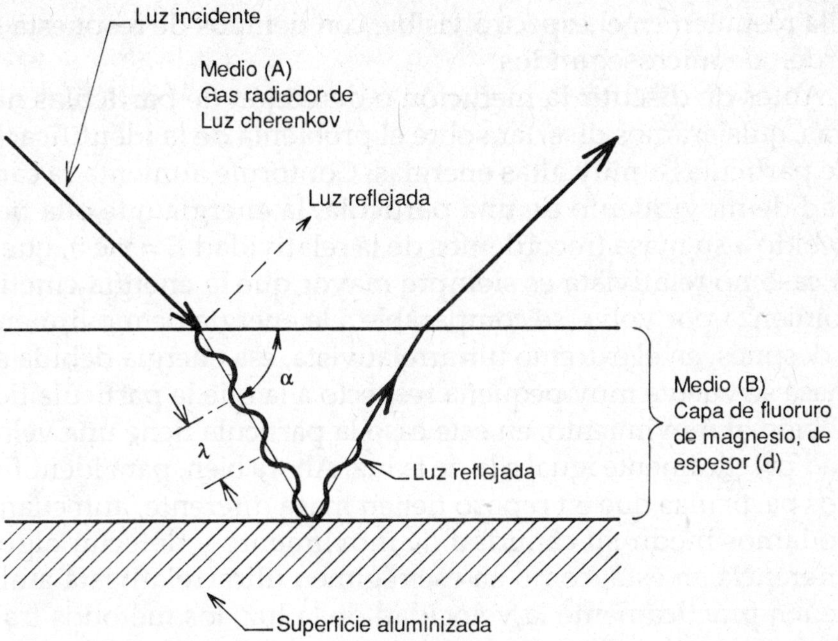


FIGURA II.4

travioleta penetre al fotocátodo. Esta solución aumenta el costo del fotomultiplicador hasta en un 200 por ciento.

Otra posible solución consiste en utilizar materiales que recorran la longitud de onda de la radiación. Existen materiales orgánicos que se pueden evaporar sobre la ventana del fotomultiplicador de tal forma que la luz ultravioleta que le llegue sea absorbida y vuelta a reemitir con la frecuencia del espectro visible a la que el fotocátodo reaccione muy eficientemente. Uno de estos materiales es el p-terfenil, que absorbe luz ultravioleta y la emite a 400 nanómetros con un tiempo de respuesta de cinco nanosegundos. Esto es ideal para aplicaciones en las que se requiera detectar altas razones de radiación. En los casos en que no ocurran muchos eventos, como sucede en astronomía al observar alguna estrella lejana por su débil parpadeo, se pueden utilizar otros corredores de frecuencia basados en compuestos de europio que tienen gran eficiencia: absorben luz ultravioleta y la reemiten en el espectro visible con tiempos de respuesta del orden de microsegundos.

Antes de discutir la medición o detección de partículas neutras, quisiéramos disertar sobre el problema de la identificación de partículas a muy altas energías. Conforme aumenta la cantidad de movimiento de una partícula, la energía que ella tiene debido a su masa (recordemos de la relatividad $E = mc^2$), que en el caso no relativista es siempre mayor que la energía cinética, comienza por volverse comparable a la energía de movimiento, y después, en el extremo ultrarrelativista, esa energía debida a la masa se vuelve muy pequeña respecto a la que la partícula tiene debido al movimiento; en este caso la partícula tiene una velocidad prácticamente igual a la de la luz. Ahora bien, para identificar dos partículas que en reposo tienen masa diferente, aun cuando podamos medir su cantidad de movimiento y detectar alguna diferencia en ésta, como en ese régimen ultrarrelativista ambas tienen prácticamente la velocidad de la luz, los métodos tradicionales de identificación se vuelven totalmente ineficientes.

Situaciones como ésta son frecuentes en la física, y aun cuando hay cabida a todas las posibilidades que el ingenio humano pueda intentar para resolver el problema, la única actitud segura, aunque aparentemente conservadora, es volver a los primeros principios. Interacción de radiación con la materia representada por $dE/dx$ en una longitud de material como función de la cantidad de movimiento será la que se convierta en el faro que nos permitirá orientarnos en el fantástico mundo ultrarrelativista. La huella digital que una partícula deja en un material es $dE/dx$. Esta curva es diferente para cada partícula y pese a que haya dos partículas que no puedan ser identificadas de otra manera, con ese método es posible identificarlas.

## Calorimetría

Hasta ahora hemos discutido detectores en los que se tienen partículas detectadas. Estos detectores se pueden llamar no destructivos. Existen otros detectores que podemos denominar destructivos porque para obtener la información requerida destruyen el objeto detectado: lo absorben. Estos detectores interaccionan con las partículas que serán detectadas por medio de las interacciones electromagnéticas o las fuertes (nucleares), o mediante ambas. En el proceso de interacción las partículas detectadas ionizan o excitan el material de que está hecho el detector, calentándolo, transmitiéndole toda su energía. Por tal motivo a los detectores de este tipo se les llama calorímetros.

Los calorímetros son capaces de medir la energía total, la posición de las partículas (o su trayectoria) y hasta identificarlas a través de la absorción total. Ese aumento de temperatura del calorímetro es una cantidad extremadamente pequeña como para ser medida en la práctica, así que se buscan métodos algunas veces similares a los de las cámaras multialámbricas, ya discutidas, para extraer una señal electrónica. Un calorímetro es un bloque de materia que intercepta las partículas por detectar y es de suficiente espesor para causarle interacciones que le hagan depositar toda su energía en él. Una fracción de la energía depositada se invierte en la producción de una señal más fácil de ser detectada, como luz de centellador, luz cherenkov o carga de ionización, y esta señal es proporcional a la energía incidente.

Los calorímetros son sensibles a partículas neutras, cualidad que los hace verdaderamente únicos para detectarlas. El tamaño del detector escala logarítmicamente con la energía $E$ de la partícula, mientras que en los espectrómetros magnéticos el tamaño del detector escala como la raíz cuadrada de la cantidad de movimiento $p$ para una resolución relativa de momento de $\delta p/p$. Si el calorímetro se segmenta, se puede medir en forma precisa la posición y el ángulo de la partícula incidente. Y como el calorímetro responde en diferente forma a leptones que a hadrones, esta diferencia se usa para identificar partículas. Finalmente, una característica de los calorímetros es su rápida respuesta, lo que permite que sean utilizados en situaciones de alta razón de producción de eventos, y los patrones de depósito de energía los convierten en una herramienta muy útil para la selección de eventos en tiempo real.

Con todas estas características y propiedades tan notables, los calorímetros parecen ser los detectores ideales, e inducen a pensar ¿para qué, entonces, toda la discusión de los detectores no destructivos? Como veremos en un momento, el mecanismo de detección de los calorímetros es un proceso estadístico sujeto a fluctuaciones, fluctuaciones que son grandes si el número de interacciones es pequeño. Éste es el caso de bajas energías, en el que las fluctuaciones dominan el proceso y, por lo tanto, los calorímetros tienen una resolución muy pobre. Es aquí donde los detectores no destructivos son muy útiles; en cambio, a altas energías, donde estos detectores pierden resolución, el número de interacciones aumenta considerablemente, y las fluctuaciones disminuyen en un calorímetro y, por consiguiente, aumenta muchísimo su resolución. Las interacciones a que nos referimos son las que ocurren en el material del calorímetro, que llevan a la partícula incidente a perder su energía. Si la partícula incidente tiene poca energía, es claro que en unas cuantas interacciones la pierde, pero si la partícula es de muy alta energía, requiere muchas interacciones para perderla en su totalidad.

Así, una partícula que penetra al calorímetro sufre interacciones por medio de las cuales pierde energía, que primero se convierte en partículas con energía alta, las que a su vez sufren interacciones con el material del calorímetro. Esto es lo que se llama una cascada de partículas. La forma y propiedades de la cascada son diferentes si ésta fue producida por interacciones fuertes o si fue producto de la interacción electromagnética.

Una cascada electromagnetizada se caracteriza por tres procesos principales. El primero se llama *Bremsstrahlung*, que significa radiación por frenado. La partícula en la cascada, ya sea primaria o secundaria, sufre la acción de campos electromagnéticos que la frenan, haciendo que radie energía en forma de fotones, es decir, luz. El segundo proceso es el de formación de pares: la luz producida por *Bremsstrahlung* se mueve en el espacio afectado por los campos electrostáticos de la materia que forma el calorímetro, disociándose en un par de partícula-antipartícula. El tercer mecanismo de formación de la cascada es simple dispersión de la partícula incidente cuando transfiere energía al calorímetro, es decir, calentándolo. Cuando las partículas secundarias o terciarias de la cascada ya no tienen energía suficiente para crear más masa, prosiguen su camino por el detector y van perdiendo energía de esa última forma, que se va en ionizar o excitar los átomos del material del detector. La longitud de la cascada es proporcional a la energía de la partícula incidente, ¡por esta razón funcionan los calorímetros!

Un parámetro útil para caracterizar las cascadas electromagnéticas es la longitud de radiación. La dependencia del medio de los procesos electromagnéticos que forman la cascada en intervalos de energía bastante grandes está dada por la longitud de radiación. La longitud de radiación se define como la distancia sobre la cual un electrón disminuye su energía por un factor $e^{-1}$.

El concepto útil para describir la pérdida de energía por radiación en un material de densidad ρ es

$$\frac{1}{\rho}\frac{dE}{dx} = \frac{dE}{dx}, \qquad \text{cuyas unidades son} \qquad \frac{MeV}{g/cm^2}.$$

Las cascadas hadrónicas son las producidas por partículas que interaccionan fuertemente, por la fuerza nuclear. La interacción fuerte es la más intensa, pero de corto alcance, sobre todo si la comparamos con la electromagnética. Debido a que es de corto alcance, una partícula puede viajar más sin interaccionar, por lo que estas cascadas son mayores que las electromagnéticas, es decir, el calorímetro requiere más material para poder absorber toda la energía de la partícula incidente. Ahora bien, por lo intenso de la interacción, en una colisión se pueden producir partículas secundarias mucho más variadas que en el caso electromagnético. Típico de las interacciones fuertes es la multiproducción de partículas con un momento transversal limitado ($\langle p_t \rangle \approx 0.35$ GeV/c), procesos en los que aproximadamente la mitad de la energía incidente se consume. (Por esto se dice que la inelasticidad de las reacciones hadrónicas es aproximadamente 0.5.) El restante de la energía se va en unas cuantas partículas que se siguen de frente, hasta volver a interaccionar, cediendo de nuevo aproximadamente la mitad de su energía en producción de multipartículas. Las partículas secundarias son mayoritariamente piones y nucleones.

La principal limitación de los calorímetros hadrónicos es la aparición de cascadas electromagnéticas, como resultado del decaimiento de partículas secundarias llamadas piones cero. La multiplicidad promedio en partículas secundarias es proporcional al logaritmo natural de la energía, y de ésas, aproximadamente el 10% son piones cero que producen subcascadas electromagnéticas.

Finalmente, discutiremos el concepto de energía invisible en un calorímetro hadrónico, energía debida a decaimientos de neutrones, muones y neutrinos que interaccionan muy débilmente y que por esta razón son muy difíciles de detectar. Para decirlo con exactitud, los neutrones no interaccionan débilmente sino que su sección eficaz de absorción puede ser muy pequeña. Estos neutrones pueden ser absorbidos por $^{238}U$, que se fisiona y crea fotones energéticos, los cuales a su vez provocan una cascada electromagnética, produciendo así una señal que recupera parte de la energía invisible, es decir, parte de esta energía fue convertida en visible.

El diseño de un espectrómetro implica que, dados los eventos físicos de interés y su región cinemática, el investigador debe encontrar primero la distribución óptima de los detectores, sus dimensiones y sus especificaciones; después, con esta información, se diseña cada cámara, Cherenkov, centellador, etc. Muy a menudo, nada conocido da lugar al espectrómetro requerido, y entonces hay que encontrar nuevas ideas para construir los detectores de interés. Un problema vital en la actualidad es la identificación de las partículas ultrarrelativistas. Normalmente, los métodos de identificación dependen de la determinación de la masa de la partícula estudiada. Puesto que en regímenes cinemáticos ultrarrelativistas las masas en nada influyen y se desprecian, es necesario encontrar nuevos métodos de identificación. En otras palabras, necesitamos agudizar nuestros sentidos para poder "trabajar" en regímenes altamente relativistas. Aparentemente, los calorímetros son los detectores del futuro.

# III. PROCESADORES

En el primer capítulo examinamos las herramientas que utiliza el científico moderno para investigar el micromundo. Y en el segundo discutimos los detectores, que son los medios con los que el físico extiende y afina sus sentidos para poder concebir lo que sucede en el mundo de lo muy pequeño y altamente relativista. En este capítulo discutiremos y analizaremos los métodos con los cuales los hombres de ciencia ayudan a su cerebro a asimilar y a analizar lo que detecta, con esos fabulosos sensores que son los detectores electrónicos, en conjunción con los aceleradores de partículas.

Muchos han argumentado que los aceleradores y detectores de los últimos 10 diez años han sido subutilizados. Las razones esgrimidas van desde el hecho de que no se pudo extraer información presente en diversos experimentos, hasta el señalamiento de que aun habiéndola extraído, no fue posible analizarla en una escala de tiempo que hiciera más eficiente la utilización del sistema acelerador-detector. Si se ocupa demasiado tiempo en el análisis de los datos, el detector es desmantelado y con ello se impide la optimización del empleo sucesivo del mismo. Esto ha producido dos grandes líneas: una, la de los detectores computarizados; la otra, la de arquitecturas de computadoras de uso general, más capaces de satisfacer los requerimientos de memoria, versatilidad y servicio impuesto por grandes cantidades de usuarios y volúmenes de datos.

## Detectores computarizados

Un detector computarizado tiene la capacidad de decidir si lo que acaba de detectar sirve y debe almacenarse, o simplemente lo tira a la basura. Esto es lo que en la jerga experimental se llama *triguer,* y han existido siempre, sólo que antes, por allá de los setenta, eran criterios muy sencillos, francamente primitivos, como decir: "Pasa una partícula muy rápida en la dirección del haz, entonces guarde el evento." Actualmente se tienen *triguers* de varios niveles y en ellos las restricciones aumentan al pasar de un nivel a otro. Recientemente, en un experimento muy celebrado en CERN, conocido como UA1, con el que se detectó por primera vez el bosón pesado *W,* se utilizó una serie de procesadores comerciales con *triguer* de alto nivel para lograr el objetivo del experimento. Hago hincapié en el hecho de que fueron utilizados procesadores comerciales no construidos ex profeso. En forma similar a la relación de los detectores con nuestros sentidos, en la cual los primeros al perder versatilidad ganan en agudeza, un procesador de uso particular pierde en versatilidad pero gana en velocidad y hace más eficiente el detector al que va asociado. En los procesadores comerciales se establece un compromiso entre versatilidad y velocidad con la finalidad de atraer el mayor mercado posible. Un procesador construido ex profeso puede no ser comercialmente atractivo, pero es muy eficiente para lograr el objetivo que se persigue. México, en colaboración con las universidades de Columbia, de Massachusetts, el Fermilab y el Texas Accelerator Center, trabaja a la vanguardia de este concepto de procesadores de uso particular para *triguers* de alto nivel, en un programa experimental iniciado en Brookhaven y que continuará en Fermilab. La meta es detectar *todas* las partículas producidas en un evento, identificarlas, reconstruir sus trayectorias, determinar la energía y momento de todas las partículas y entonces decidir. Todo esto a la asombrosa velocidad de 100 000 eventos por segundo. El problema fundamental desde el punto de vista de la ingeniería es ¿cuál es el algoritmo apropiado para determinada familia de eventos?; desde el punto de vista científico, ¿qué vamos a hacer con toda esa información tan detallada del micromundo? Esperemos a que la tengamos, y para analizarla necesitaremos de...

### *Otras arquitecturas de computadoras*

Otras, porque la original, la de las máquinas de von Neumann, resulta insuficiente para los requerimientos actuales. Si con los procesadores de uso particular sacrificamos versatilidad en aras de incrementar la eficiencia de detección y mejorar la calidad de la información recogida, con la computadora para análisis requerimos versatilidad, capacidad para manejar grandes volúmenes de datos, ¡y velocidad! Vamos a concentrarnos en uno solo de estos aspectos, la velocidad. Ésta depende de dos cosas: la arquitectura de la computadora y los componentes electrónicos con que está construida. Hablemos nada más de arquitectura, la cual no únicamente se relaciona con la velocidad sino también con la versatilidad y la capacidad para manejar grandes volúmenes de datos. Una característica esencial de las arquitecturas de von Neumann es lo secuencial en las operaciones al realizar un algoritmo. Es claro que si se logra el objetivo de llevar a cabo todas esas operaciones a un mismo tiempo, se gana en velocidad. Las llamadas arquitecturas vectoriales constituyen un avance en esa dirección: a una familia de datos (un vector) se le opera simultáneamente. Una elaboración de este concepto son los procesadores de arreglos, que no deben ser confundidos con un arreglo de procesadores, pues uno puede diseñar y quizás hasta construir arreglos de procesadores de arreglos. Todo esto cae dentro de lo que se conoce actualmente como procesadores en paralelo.

## EL *TRIGUER*

Empecemos donde empiezan los datos, en la selección de un evento, en el *triguer. Triguer* es una palabra inglesa que se refiere al conjunto de reglas que se tienen que seguir para seleccionar algo. Es un mecanismo de selección. El *triguer* selecciona eventos producidos en un experimento. En la colisión de dos partículas de alta energía pueden suceder muchas cosas, pero quizá no todas nos interesen. El *triguer* es el conjunto de reglas que se tienen que seguir para que nuestro detector aísle aquellos eventos que son la razón de nuestro interés. El *triguer* debe ser único. Si hay diversos tipos de eventos que satisfagan el mismo *triguer,* todos los que se confundan con el que buscamos se llaman ruido de fondo. Un parámetro que describe cuantitativamente la bondad de un *triguer* es la razón de la señal (número de eventos buscados) dividida entre el ruido. Si el *triguer* es muy bueno, este parámetro será un número grande, y viceversa, si el *triguer* es malo, es decir, si existe mucho ruido, ese parámetro será un número pequeño.

En el apéndice se presentan varios ejemplos de *triguers.* Aquí discutiremos un *triguer* o conjunto de *triguers* de distinto nivel necesarios para la detección de partículas nuevas producidas con números cuánticos que decaen por interacciones débiles. Generalmente se dice que esas partículas están formadas de quarks pesados.

También podría ser el caso de la producción de bosones de norma pesados. Digamos que nos importa la producción a altas energías de partículas que entre sus posibles modos de decaimiento incluya uno semileptónico; dicho con otros términos, una partícula que decaiga a otras de las que algunas sean hadrones y otras leptones; específicamente, que exista un muón en el estado final. El muón se parece mucho al electrón, con características de interacciones eléctrica y débil similares; tienen el mismo espín y carga, pero diferente masa. La característica esencial del muón es su alto grado de penetración en la materia. Esto significa que si, por ejemplo, ponemos una pared de concreto de cuatro metros como blindaje de un experimento con energías en el centro de masa del orden de 10 GeV, la única partícula cargada producida en el experimento y capaz de atravesar el blindaje será el muón.

Nuestro *triguer* para buscar esos eventos sería: "Que se produzca una partícula cargada que dispare un contador de centelleo detrás de una gruesa pared de concreto, la cual blinde de otras partículas cargadas menos penetrantes". Esto formaría el *triguer* lógico de alta velocidad, escogería la señal que buscamos, pero desafortunadamente permitiría otros eventos no deseables para el experimento que se discute.

Una fuente de ruido de fondo muy importante sería la producción de pares de muones por un fotón de alta energía producido en el vértice principal donde ocurrió la interacción primaria entre el haz y el blanco. En otras palabras, si un muón satisface el *triguer* antes mencionado, dos muones también lo satisfarán, y lo que es más, dado que las interacciones electromagnéticas son más intensas, suceden más a menudo que las débiles, y por tanto el ruido de fondo es mayor que la señal buscada. De ahí la importancia de completar nuestro *triguer* para seleccionar mejor los eventos buscados.

La primera posibilidad que se antoja proponer es contar el número de muones y exigir que si el número de muones es mayor que uno, el evento deberá descartarse. Este criterio o *triguer* puede discriminar producción de pares provenientes de fotones virtuales de relativamente baja energía.

Vayamos a los primeros principios, a lo que caracteriza a los eventos que buscamos. Si un estado pesado produce un muón y sólo uno, es porque decayó débilmente, lo cual a su vez significa que junto al muón se creó un neutrino (estrictamente hablando, un antineutrino de muón). El neutrino es neutro y tiene muchísima más capacidad de penetrar la materia que el muón, por lo que su detección directa resulta muy difícil.

Así pues, si se produce un neutrino y no lo podemos detectar, la cantidad de movimiento de todas las partículas involucradas en el evento tendrá un faltante, aquella parte que el neutrino se llevó. El *triguer* de segundo nivel exigirá haber satisfecho el *triguer* de primer nivel (que haya un muón) y que después de haber detectado todas las partículas del evento, al momento producido le falte algo que pasa inadvertido (éste será el neutrino).

El *triguer* de segundo nivel es obviamente más complicado; precisa más información, más procesamiento e inclusive computación. Por simplicidad en nuestro análisis consideraremos $T_2$

como *triguer* de segundo nivel, y éste incluirá todo tipo de computación requerida para tomar la decisión.

Existe un caso en el que podemos tener un solo muón: por ejemplo, un muón proveniente de rayos cósmicos, aunque pueden existir otras fuentes posibles. Una manera de evitar un muón no deseado es exigir que el muón que se detecte venga del vértice principal. De este modo podemos tener un *triguer* de nivel cero ($T_0$) que exija que el muón se haya generado en blanco. En este *triguer* es apropiado incluir otras condiciones necesarias para la definición de la existencia de un evento, por ejemplo, que el evento suceda durante el tiempo que dure el pulso de partículas que producirá precisamente ese evento, pulso generado por el acelerador del que proviene el haz. Este *triguer* incluirá también un pulso que indique si el evento anterior aceptado terminó de ser "leído" por el sistema electrónico de toma de datos del detector; de esta forma se evita que se empalmen dos eventos. En este *triguer* podemos incluir un pulso lógico que provenga del monitor del detector y que indique que todo está funcionando.

El criterio de selección de los eventos buscados se ha dividido en tres *triguers* de diferente nivel de complejidad: $T_0$, $T_1$ y $T_2$. Entre más bajo sea el nivel de complejidad del *triguer*, más rápido será, aunque menos restrictivo. $T_0$ es un primer filtro, las cantidades analizadas son escasas y el tipo de operaciones realizadas con ellas son, en general, de carácter lógico, comparaciones por ejemplo, o la pregunta de si algo es cierto o falso. Satisfecho el *triguer* $T_0$, la información llega al sistema electrónico de $T_1$, el *triguer* de primer nivel, donde pueden requerirse cantidades recientemente detectadas, como la altura de un pulso, el momento en que sucedió o la carga eléctrica de un pulso de fotomultiplicador, lógica de multiplicidades, etcétera.

El *triguer* de segundo nivel es el que más información necesita y maneja, y el que más operaciones lógicas y aritméticas efectúa. Como se mencionó antes, el equipo que ejecuta el *triguer* $T_2$ puede incluir una computadora o microcomputadora de uso general. Normalmente estas computadoras que para los estándares de la vida cotidiana son rápidas, pueden no serlo en el micromundo de las partículas elementales. En el caso de las interacciones débiles, los eventos no se suceden tan rápidamente y una computadora convencional es lo suficientemente rápida como para analizar los eventos en tiempo real, es decir, conforme ocurren.

Aquí vamos a discutir el caso más interesante por su velocidad, que es el de los eventos producidos por las interacciones fuertes o nucleares. En este caso todo es violento, rápido, todo sucede a una velocidad tan asombrosa que una computadora de uso general como las convencionales resulta muy lenta para ser parte del *triguer* $T_2$.

En general, en cualquier experimento de alta luminosidad, ya sea por la alta razón de interacciones nucleares o por haces muy intensos, la información producida en el detector puede ser representada por una corriente de información, como un arroyo de agua que baja de las montañas. Una avenida del arroyo será la información producida en el detector por un evento. Cada evento es una avenida de aguas broncas. Sobre cada avenida de datos hemos de realizar una serie de instrucciones, operaciones lógicas y aritméticas que suponemos como otra avenida, esta vez de ideas, conceptos e instrucciones, que al mezclarse en tiempo real con la avenida de datos producirá una respuesta que nos dirá si ese evento satisface el criterio de selección representado por los tres *triguers* juntos ($T_0$, $T_1$, $T_2$). (Véase figura III.1.)

Se han inventado diversas formas de efectuar ese proceso, pero esencialmente lo que se hace es separar la avenida de datos en varias subavenidas, y la de instrucciones en varias subavenidas agrupadas en forma separada. (Véase figura III.2.)

Antes de continuar haremos un resumen sobre los criterios de selección.

Busquemos efectos diminutos, caracterizados por pequeñas secciones transversales, enterrados en un gran ruido de fondo que proviene de interacciones "normales" que deben ser rechazadas, y con este fin procedemos a jerarquizar la selección

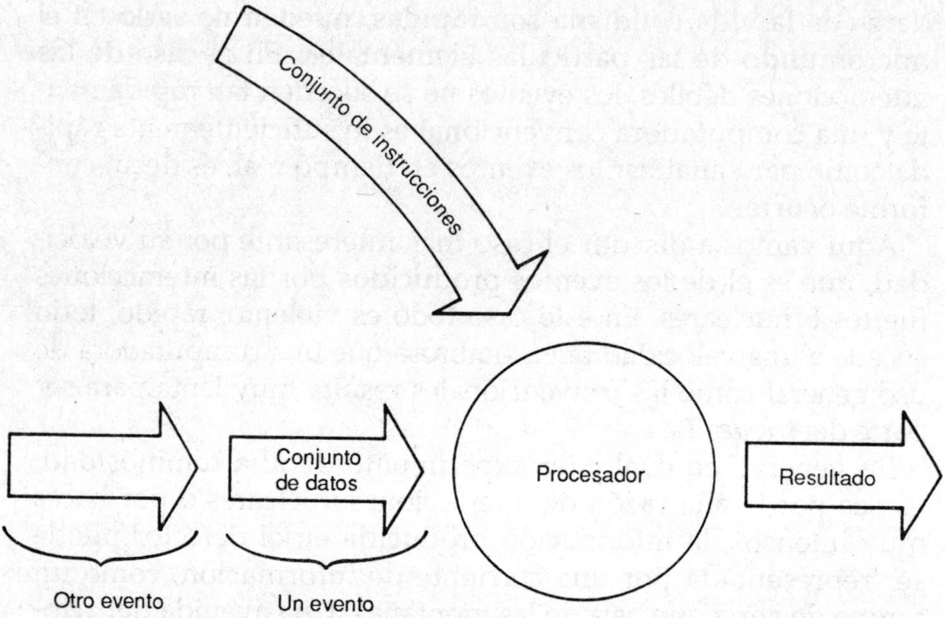


FIGURA III.1

imponiendo diferentes niveles de decisión, incrementando su selectividad y complejidad.

## *Niveles de decisión en los* triguers

*Triguer rápido.* Es producido por centelladores y detectores Cherenkov; ejecuta generalmente operaciones lógicas de falso/verdadero en cerca de 100 nanosegundos. Por lo regular está limitado a aproximadamente 100 señales, y manipulaciones lógicas simples.

*Triguer secundario.* El *triguer* secundario es más complejo, las decisiones involucran hasta unos cuantos cientos de canales de información, y toma del orden de un microsegundo hacer la operación. Puede involucrar coincidencia de matrices, correlación de tablas precalculadas, como se discute en este mismo

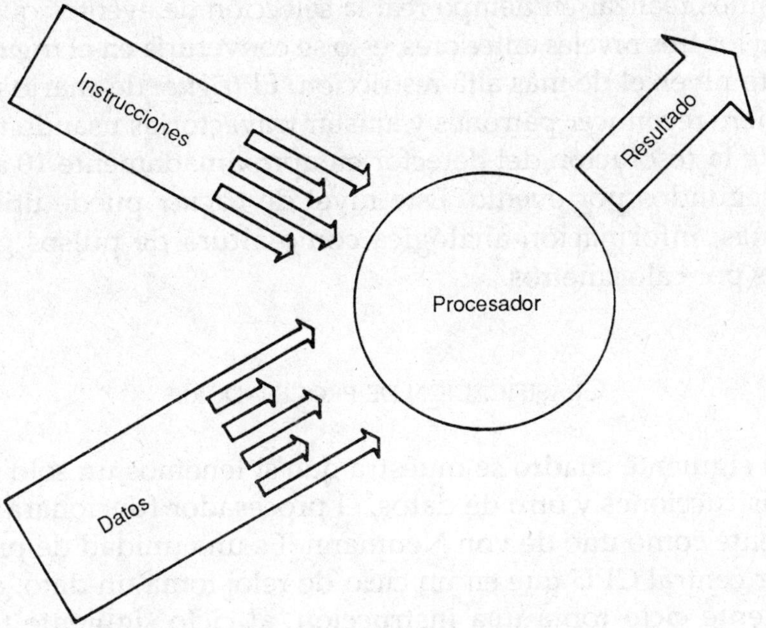


FIGURA III.2

capítulo, y aun encontrar trayectorias burdas, con mucho error pero ahorrando tiempo.

*Procesador en línea.* Éste podría ser un tercer nivel de decisión y se lleva a cabo sobre información lógica o codificada por el sistema de lectura del detector; requiere del orden de 10 a 100 microsegundos. La disponibilidad de convertidores de tipo analógico-digital y digitalizadores rápidos de tiempo hace posible basar las decisiones de eventos complejos en cálculos de cantidades de movimiento, distribuciones de energía, etcétera.

Esta información, la que pasó los tres filtros representados por los tres niveles de *triguer,* es la que se graba en cinta magnética para ser analizada en una computadora en lo que se denomina *off-line,* es decir, en cualquier momento menos en el tiempo real en que suceden los eventos. Es justamente en este punto donde en la actualidad se está dando el gran avance. Si pudiéramos realizar en tiempo real la selección de eventos que pasaron los tres niveles anteriores, esto se convertiría en el *triguer* de cuarto nivel, el de más alta restricción. El *triguer* de cuarto nivel requiere reconocer patrones y ajustar trayectorias usando totalmente la resolución del detector en aproximadamente 10 a 100 milisegundos por evento. Este nivel de *triguer* puede utilizar, además, información analógica como altura de pulsos generados por calorímetros.

## Clasificación de procesadores

En el siguiente cuadro se muestra que si tenemos un solo flujo de instrucciones y otro de datos, el procesador funcionará típicamente como uno de von Neumann. Es una unidad de procesador central CPU que en un ciclo de reloj toma un dato, en el siguiente ciclo toma una instrucción, al ciclo siguiente toma otra instrucción de qué hacer con el resultado, y así sucesivamente. Esta estructura es aplicable a muchos casos, pero relativamente lenta.

Si tenemos un flujo de instrucciones y varios flujos de datos sobre los que actúan simultáneamente las instrucciones, el procesador es paralelo y puede ser asociativo. Este concepto de asociatividad se refiere a cómo se utilizan las memorias del procesador. Hay tres tipos de memorias; las más comunes son

| | Una corriente de datos | Varias corrientes de datos |
|---|---|---|
| Una corriente de instrucciones | CPU | Paralelo y asociativo |
| Varias corrientes de instrucciones | Tubular | Multiprocesador |

aquellas en las que se da la dirección de dónde encontrar el valor buscado en relación con cierta variable. En un segundo tipo de memorias a cada valor se le asigna un índice, con el cual se puede encontrar el susodicho valor sin importar dónde se halle. Un último tipo es en el que se da el valor de lo buscado y el resultado es dónde se encuentra. Se dice que ésta es la forma en la que funciona la memoria de un ser vivo. Por ejemplo, cuando una leona busca a su cachorro tiene en su instinto el valor que busca, y sus sensores (ojos, olfato, etc.) le indicarán dónde se encuentra su cachorro. Uno podría estar tentado a pensar que la memoria de la leona cuando funciona a la inversa no es asociativa: llega a un lugar donde supone se halla su cachorro, pero se da cuenta de que el suyo no está y que en su lugar se encuentra otro cachorro. En este caso la memoria fue también asociativa, porque lo que la leona hizo fue comparar el cachorro que vio con el valor que tiene en su cabeza, que es el de su propio cachorro. Lo que hace un procesador asociativo es precisamente eso: recibe valores y los compara con los que tiene en la memoria, y dependiendo dónde esté el que más se parezca al que le proporcionó su sistema de entrada y salida, generará una cierta condición, que es el resultado de la operación.

Se dice que el procesador es de tipo tubular cuando dispone de un flujo de datos y varios flujos de instrucciones. Los datos van viajando por el tubo y las instrucciones van operando sobre ellos. Este concepto se amolda a la generación de datos en un experimento de física de altas energías sobre los que actúan varios *triguers* de diferente nivel. El conjunto de datos, la avenida de información, que satisfaga los niveles de *triguer* es el que logra salir al otro lado del tubo.

El concepto de procesador que aparece como consecuencia de la convergencia de varios flujos de datos y varios flujos de instrucciones no tiene un nombre particular, pero lo podríamos llamar multiprocesador, dado que podría ser similar al CPU funcionando ya sea en paralelo o en forma tubular, es decir, varios CPU.

El paralelismo en arquitectura de computadoras introduce un aspecto de aceleración de la computación que se habrá de efectuar. Por esto es altamente conveniente en física de altas energías experimental introducir el concepto de paralelismo aunado al de procesador tubular. Antes de discutir la máquina SK,* que integra en forma elegante y altamente eficiente los conceptos de paralelismo y tubularidad en un procesador para altas energías, vamos a discutir lo que en inglés se llama *look-up table.*

## *Uso de* look-up table

Todo mundo ha utilizado en algún momento de su vida tablas de logaritmos o de funciones trigonométricas. Uno busca en una lista de valores de ángulos y enseguida encuentra el valor del coseno o de la función que se esté buscando. Las *look-up table* o tablas con datos son esencialmente lo mismo que las tablas de logaritmos.

En la construcción y diseño de procesadores de uso particular, se hace uso extensivo de tablas con valores precalculados. Como se trata de un procesador de uso particular precisamente, en varias partes de la evolución del proceso de los datos se dan ciertas variables cuyos valores límites se conocen, así como las funciones que dependen de ellas. Por lo tanto, en vez de calcular los valores de las funciones cada vez que se presente la variable independiente, ésta se usa como dirección que permite leer de una memoria el valor precalculado. Como ejemplo de un uso de memorias con *look-up table* discutiremos un módulo de la máquina SK.

La máquina SK es una máquina tubular que funciona en paralelo, segmentada en módulos donde se reparten en forma aproximadamente uniforme las tareas que debe ejecutar el procesador. Cada módulo efectúa una labor bien determinada y muy sencilla, contiene un mínimo de memoria y actúa si tie-

* SK son las siglas de Sippach y Knapp, los creadores del concepto de esa máquina.

ne un dato a la entrada, y si no lo tiene, lo espera. Esto último significa que el procesador es controlado por los datos, no por un reloj, como ocurre en las computadoras de von Neumann. Podemos imaginar la avenida de datos como una amiba que va avanzando y sobre la que se están efectuando operaciones lógicas y aritméticas, las cuales van afectando la forma de la amiba. El procesador SK tiene un reloj que permite alinear las fronteras de datos, o dicho en otras palabras, mantiene la forma de la amiba, la que a su vez controla al procesador: el reloj en sí no es el control, sino los datos mismos. Este procesador tiene dos formas de operar en paralelo: sobre palabras o sobre bits. (Véase figura III. 3.)

## EJEMPLO DE PROCESADOR

Para ilustrar el uso de memorias del tipo *look-up table* y un módulo que opera en paralelo sobre bits, analizaremos cómo se calcula la siguiente expresión:

$$\sum_{n=1}^{2} a_n x_n . \tag{1}$$

En una computadora, tanto las constantes $a_n$ como las variables $x_n$ se representan en forma binaria. Supongamos, en aras de la sencillez, que las variables $x_n$ se representan por tres bits y que el índice $n$ vale sólo 1 y 2. De esta forma la ecuación (1) se puede escribir como sigue:

$$\sum_{n=1}^{2} a_n x_n = a_1 x_1 + a_2 x_2 , \tag{2}$$

donde

$$x_1 = x_1^0 2^0 + x_1^1 2^1 + x_1^2 2^2, \tag{3.a}$$

y

$$x_2 = x_2^0 2^0 + x_2^1 2^1 + x_2^2 2^2. \tag{3.b}$$

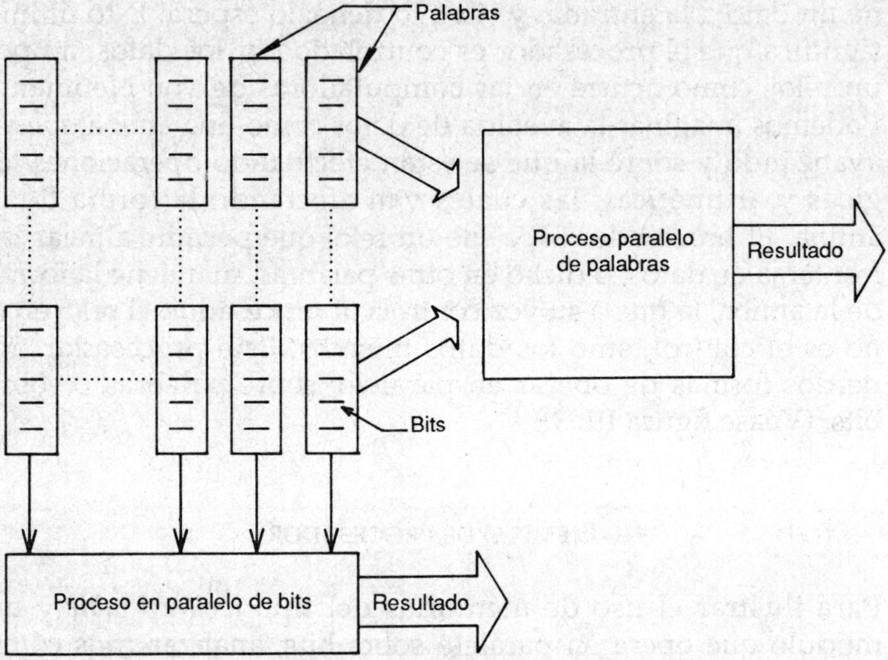


FIGURA III.3

Las ecuaciones (3.a) y (3.b) son la representación binaria de las variables $x_1$ y $x_2$ (porque $n$=1 y 2, solamente). Los factores de peso $x_1^0, x_1^1, x_1^2, x_2^0, x_2^1, x_2^2$ tienen valores cero o uno. (Si $x_1$ se representara en base 10, los factores de peso serían de 1 a 9 y las potencias de 2 serían potencias de 10.)

La ecuación (2) se puede reescribir como sigue:

$$\sum_{n=1}^{2} a_n x_n = a_1 x_1 + a_2 x_2 = \tag{4}$$

$$= a_1( x_1^0 2^0 + x_1^1 2^1 + x_1^2 2^2)$$

$$+ a_2( x_2^0 2^0 + x_2^1 2^1 + x_2^2 2^2),$$

la que se puede rearreglar factorizando las potencias de dos como a continuación se muestra:

$$\sum_{n=1}^{2} a_n x_n = (a_1 x_1^0 + a_2 x_2^0)2^0 + (a_1 x_1^1 + a_2 x_2^1)2^1 + (a_1 x_1^2 + a_2 x_2^2)2^2. \tag{5}$$

En la figura III.4 se muestra un diagrama en bloques de lo que sería un módulo para procesar la ecuación (1) operando en paralelo sobre los bits. En el lado izquierdo de la misma figura se indican dos cuadritos, que contienen las dos palabras en forma de bits que representan las dos variables $x_1$ y $x_2$; la tabla contiene los valores precalculados que se explicarán en un momento. (+) representa a un chip que suma los números enteros que le llegan, según indican las flechas, y SR son registros que pueden recorrer el punto binario. Recorrer el punto binario es como recorrer el punto decimal en base 10. Por ejemplo, supongamos que tenemos el número 0110 en binario (6 decimal), con SR lo recorremos a la derecha y obtenemos 011 (3 decimal), mientras que si lo hubiéramos recorrido a la izquierda obtendríamos 01100 (12 decimal). Recorrer a la izquierda equivale a multiplicar por dos y recorrer a la derecha es lo mismo que dividir entre dos. Los dos SR, además de recorrer el punto binario, pueden dejarlo intacto y pasar una palabra formada por todos los bits que entraron, que a su vez fueron primeros, segundos o terceros bits de las palabras sobre las que se está operando. La ecuación (5) nos indica que habremos de multiplicar por potencias de dos lo que se encuentra en los paréntesis. Estas multiplicaciones serán efectuadas por $SR_2$ corriendo los bits para la izquierda.

Los paréntesis de la ecuación (5) serán los resultados de leer la memoria que contiene la tabla de valores precalculados. Para valores generales de $a_1$ y $a_2$, como los pesos de las $x$ son ceros o

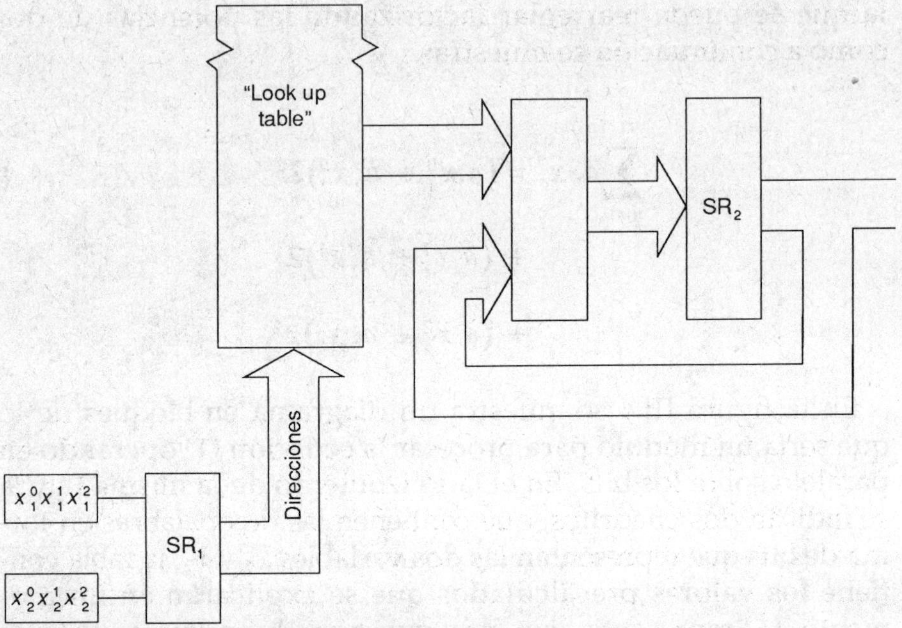


FIGURA III.4

unos, entonces las únicas posibilidades serán $a_1$, $a_2$, $a_1 + a_2$ y cero, las cuales estarán respectivamente en las direcciones de memoria 10, 01, 11 y 00. Así pues, SR$_1$ lee una pareja de pesos, los que darán alguna de las direcciones que acabamos de mencionar:

| Direcciones | Resultados |
|---|---|
| 0,0 | 0 |
| 0,1 | $a_2$ |
| 1,0 | $a_1$ |
| 1,1 | $a_1 + a_2$ |

La primera pareja de bits es $x_1^2$ y $x_2^2$, que dan el primer resultado que deberá pasar al sumador, el cual lo suma a cero ya que no había nada a qué sumar. Al mismo tiempo que se suma, la segunda pareja $x_1^1$ y $x_2^1$ es provista por SR$_1$ para leer la tabla, y la última pareja ingresa a $SR_1$. Cuando esta última pareja sale de $SR_1$, el segundo resultado se manda al sumador, que está recibiendo el resultado de correr el espacio binario del primer resultado, es decir, $a_1 x_1^2 + a_2 x_2^2$ se multiplicó por dos y pasó a sumársele a $a_1 x_1^1 + a_2 x_2^1$, y con esto se obtuvo

$$(a_1 x_1^1 + a_2 x_2^1) 2^0 + (a_1 x_1^2 + a_2 x_2^2) 2^1. \tag{6}$$

Al tiempo que se lee de la tabla el resultado $a_1 x_1^0 + a_2 x_2^0$, el valor representado por la ecuación (6) se multiplica por dos por SR y se obtienen como sumandos $a_1 x_1^0 + a_2 x_2^0$, y

$$(a_1 x_1^1 + a_2 x_2^1) 2^1 + (a_1 x_1^2 + a_2 x_2^2) 2^2.$$

Al efectuar esta última suma se terminó de evaluar la ecuación (2). Nótese que si bien las variables $x$ fueron representadas por tres bits, las constantes $a_1$ y $a_2$ pueden ser representadas tan exactamente como queramos de acuerdo con el tamaño de la memoria en la que se almacena la tabla de resultados. En otras palabras, la memoria la podemos dividir en cuatro partes: la cero, la uno, la dos y la tres, que corresponden a las cuatro direcciones 00, 01, 10 y 11, y cada parte será tan grande como se desee juntando memorias para lograr la precisión requerida. (Véase figura III.5.)

La máquina SK incorpora estas ideas y muchas más de arquitectura de computadoras en procesadores paralelos, y recientemente, en 1987, entró en operación para analizar datos de física de altas energías experimental de la colaboración Columbia/Fermilab/Massachusetts/México/Texas A&M, con un espectrómetro para medir reacciones exclusivas. En este experimento se cuenta con seis cámaras multialámbricas con cuatro vistas

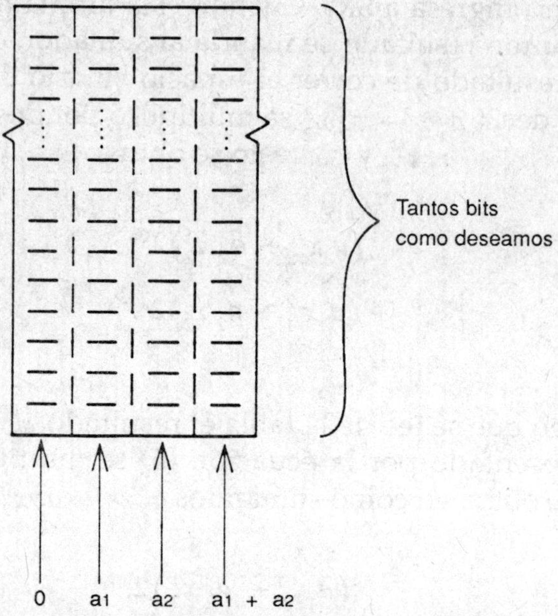


FIGURA III.5

cada una. La máquina SK analiza palabras en paralelo, repitiendo cuatro veces el equipo del procesador para procesar al mismo tiempo las palabras provenientes en paralelo de las cuatro vistas. Un evento típico producido por el detector de este experimento está constituido por 400 palabras de 16 bits cada una y con un reloj con ciclos de 30 nanosegundos; cada evento puede procesarse en 10 microsegundos, es decir, el procesador SK es capaz de analizar 100 000 eventos por segundo. Una computadora de uso particular como la que estamos discutiendo puede lograr esta fantástica velocidad, lo que resulta ser indudablemente una ayuda invaluable para nuestra propia capacidad cognoscitiva.

El procedimiento de usar tablas con valores precalculados es muy poderoso por su rapidez, pero puede ser una limitante si se requiere alta precisión. Sin embargo, existen formas de alcanzar ambos objetivos, alta velocidad y gran exactitud. La velocidad se logra utilizando las tablas, como ya se discutió; y la exactitud, introduciendo algunos métodos de interpolación.

En los últimos años se ha incrementado enormemente el tamaño de memorias de semiconductores, haciendo práctico evaluar funciones complejas por interpolación de valores almacenados en memoria. Un ejemplo común de este procedimiento es, como lo mencionamos anteriormente, la evaluación de logaritmos interpolando linealmente una tabla de valores. Esta operación se hace ajustando una línea recta a través del par de puntos en la tabla, adyacentes al valor buscado. Estos puntos, sin embargo, no son los puntos que minimizan el error en el intervalo. Los matemáticos nos han enseñado que la manera correcta de hacer esto es encontrar el polinomio llamado minimax en el intervalo o, en muy buena aproximación, los ceros de un polinomio de Chebychev. El polinomio de un orden dado minimax es el polinomio que minimiza el error en ese intervalo. Por consiguiente, si se desea la mejor interpolación lineal, digamos a la función logaritmo entre 1.1 y 1.2, no se utilizan estos puntos para definir la línea recta de la interpolación, sino que se determinan los coeficientes de la línea que minimiza el error. Esto será entonces la línea recta minimax.

Actualmente se dispone de memorias de hasta 20 bits. En una interpolación a una función seno con 14 bits, el error es del orden $10^{-15}$, y con 20 bits disminuye hasta $10^{-21}$ con un ajuste cuadrático. Este procedimiento parece lento, sin embargo, debido a que todo prácticamente es calculable al momento de la construcción y ensamble del procesador y almacenable en memorias (incluso los ceros de Chebychev), combinar este procedimiento con la lectura de tablas permite disponer de herramientas de cómputo de alta velocidad y gran precisión.

Es claro que cualquier tipo de cálculo puede efectuarse construyendo un procesador ex profeso. Algunas veces no se justifica, otras sí. En el caso de los criterios de selección *(triguers)* en física de altas energías experimental, en situaciones de alta luminosidad se justifica la construcción de un procesador de uso particular. Y también se hace necesaria la creación de procesadores de alta velocidad para cálculos en sincrotrones, como discutiremos a continuación.

## Procesadores en aceleradores

Los anillos de almacenamiento son estructuras circulares como los aceleradores, en los que las partículas que circulan en ellos viajan a una energía dada, y las estaciones de aceleración en este caso se emplean únicamente para restaurar la energía perdida por radiación sincrotrón. Estos anillos de colisión constituyen un laboratorio único en su clase para estudiar teórica y experimentalmente el comportamiento de sistemas no lineales para periodos del orden de $10^{11}$ ciclos. Es evidente que entre más tiempo pueda un anillo de colisión almacenar partículas, más útil será como almacén. Su desarrollo ha creado la necesidad de técnicas y métodos computacionales que permitan estimar la estabilidad de los haces de partículas en dichas máquinas.

Para estudiar la estabilidad tanto en sincrotrones como en anillos de almacenamiento, se simulan las trayectorias de las partículas en la máquina en cuestión. Actualmente, el uso de imanes superconductores en el diseño y construcción de aceleradores y anillos de almacenamiento introduce un factor que complica fuertemente la simulación de las trayectorias de partículas en la máquina. Debido a que los campos magnéticos en imanes superconductores se encuentran dominados por las bobinas superconductoras, estos campos no son muy "limpios", esto es, un imán dipolar contiene "basuras", que son pequeños componentes de campos magnéticos de otro orden multipolar. Lo mismo acontece con dipolos, cuadrupolos, sextupolos, etc. El cálculo de los efectos provenientes de esas "basuras" es altamente no lineal y consume una cantidad estratosférica de tiempo máquina de computadora para simulación. De aquí la necesidad de diseñar un procesador que ejecute sus tareas a una velocidad extraordinaria, aunque sean éstas las únicas que realiza.

Una forma muy aceptada en nuestros días de calcular contribuciones de multipolos de orden superior (es decir, "basuras") se conoce con el nombre de "coz", porque la partícula cuya trayectoria se analiza recibe pequeñas patadas por cada multipolo que le cambia abruptamente su cantidad de movimiento y la dirección en la que se mueve. Una gran ventaja del método de la coz estriba en que se pueden introducir tantas coces como se necesite, o sea, tantas contribuciones de multipolos de orden superior como se sepa existan en los imanes reales de un acelerador o anillo de almacenamiento. Para un imán con contribuciones hasta de 30 multipolos, un algoritmo optimizado consiste en 1 654 multiplicaciones y sumas. Consiguientemente, un acelerador con 10 000 imanes (como lo que podría ser el SSC, cuya construcción se discute en Estados Unidos) requiere 1 650 000 operaciones aritméticas por vuelta. Recientemente se propuso el diseño de un procesador que realice tan colosal tarea; este procesador se estima simulará las partículas a ¡150 veces menos que la velocidad de la luz! Esto significa que el procesador propuesto es aproximadamente 100 veces más rápido que una computadora CRAY I, una de las más rápidas disponibles en forma comercial.

La parte del cálculo que representa más operaciones aritméticas es la de las contribuciones de multipolos de orden superior y consiste en evaluar una serie de potencias de variables complejas de la siguiente forma:

$$\sum_{n=0}^{k} c_n z^n, \tag{7}$$

donde el límite de la serie, el valor $k$ del índice $n$, es el valor del multipolo de orden mayor. Para las constantes complejas $c_n$, $n$ es sólo un índice, mientras que la variable compleja $z$ está elevada a la potencia $n$. Escribiendo la ecuación (7) en términos de partes reales y partes imaginarias, podemos exhibir las componentes cartesianas $x$ e $y$ de las posiciones de las partículas respecto a la trayectoria central durante la simulación.

$$\sum_{n=0}^{k}(b_n + ia_n)(x - iy)^n. \tag{8}$$

En teoría de variable compleja existe la regla de Horner, que aplicada a una expresión como la ecuación (7) significa escribirla como sigue:

$$\sum_{n=0}^{k} c_n z^n = (\ldots((c_k z + c_{k-1}) z + c_{k-2}) z + \ldots ) z + c^{0}.$$

Si aplicamos esta regla de Horner a la ecuación (8), nos queda la siguiente expresión, después de arreglar términos y agrupando partes reales e imaginarias,

$$\sum_{n=0}^{k}(bn + i\,an)(x - iy)^n = \tag{9}$$

$$= (\cdots((b_k + ia_k)(x - iy) + (b_{k-1} + ia_{k-1}))(x - iy) + \ldots) =$$

$$= (\ldots((b_k x + a_k y + b_{k-1}) + i(a_k x - b_k\ y + a_{k-1}))(x - iy\ ) + \ldots$$

En la figura III.6 se muestra un diagrama de bloques para evaluar la ecuación (8), siguiendo la expansión de la ecuación (9). Tal arquitectura tiene estructura tubular. Por la parte izquierda penetran al tubo las variables de la partícula simulada; en el primer paso las variables se multiplican por $a_k$ y por $b_k$. Supongamos que el procesador fuera sincronizado; después del primer ciclo se tienen las variables $x$ multiplicadas por $a_k$ y $y$ multiplicada por $b_k$, que en el siguiente ciclo se restarán. Al mismo tiempo se produjeron las variables $x$ multiplicadas por $b_k$ e $y$ multiplicada por $a_k$, que en el siguiente ciclo se sumarán.

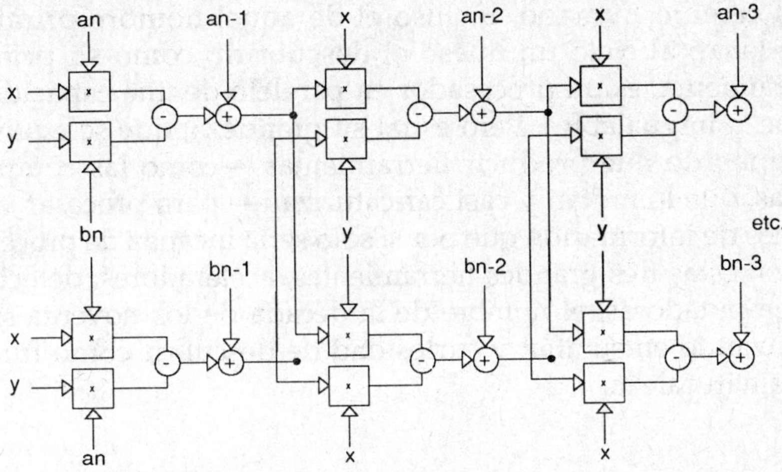


FIGURA III.6

Al llegar al siguiente ciclo de reloj en el que se efectúan esas "próximas" resta y suma, un nuevo conjunto de variables $x$ e $y$ puede alimentarse al procesador; así que mientras avanza el cálculo de un par de variables $x$, $y$, y quedan libres los elementos previos del tubo, es decir, del procesador, nuevas parejas de valores ingresarán, de tal forma que en prácticamente el tiempo en que se efectuaría el cálculo para una variable, se efectuarían tantas variables como pasos tuviera el tubo. En este caso el tubo tiene tantos pasos como multipolos de orden superior tengan los imanes del acelerador o anillo de colisión, cuyo comportamiento se esté simulando.

Los criterios de selección de un experimento —especialmente si es de alta luminosidad—, los cálculos en tiempo real mientras suceden los eventos del micromundo y las simulaciones de partículas moviéndose en anillos de colisión, son ejemplos de casos en los que el cerebro del hombre necesita ayuda para concebirlos y analizarlos. Y el humano, en el ejercicio pleno de su libertad e inteligencia, diseña y construye las herramientas que le van a permitir a su cerebro concebir la dinámica del micromundo o la complejidad de los sucesos no lineales.

El cerebro humano, incluso el de aquel hombre primitivo que lanzó al cielo un hueso al descubrirlo como su primera herramienta, es un procesador en paralelo de una capacidad y riqueza inigualables. Pero es tal su grandeza, que se equivoca y ha tenido que producir herramientas —como las computadoras, que lo imitan y casi caricaturizan— para procesar volúmenes de información que por sí solo sería incapaz de procesar.

Con estas tres grandes herramientas, aceleradores, detectores y computadoras, el hombre de la década de los noventa sigue avanzando en su afán y curiosidad de descubrir cómo funciona la naturaleza.

# EPÍLOGO

Las herramientas que el hombre ha inventado para investigar la estructura más íntima de la materia, los aceleradores, detectores y procesadores, objeto de este ensayo, se han desarrollado en un proceso dialéctico de diseño, construcción, prueba, uso y rediseño y han cerrado el círculo de la investigación y el desarrollo. La herramienta ha sido mejorada aumentando sus capacidades, su utilidad y el impacto de su uso. La ciencia ha avanzado y la sociedad que patrocina el desarrollo científico siempre ha obtenido dividendos de los más inesperados por su alta rentabilidad y aplicación. Las implicaciones sociales son de lo más variado; su análisis rebasa los alcances de este trabajo. Sólo vamos a abundar sobre las implicaciones sociológicas para la ciencia misma. La manera de hacer ciencia en la física experimental de altas energías ha cambiado.

Los aceleradores ya no son aquellas máquinas que podían ser construidas en un pequeño taller y operadas por un puñado de científicos e ingenieros. También los detectores han dejado de ser herramientas fabricadas por un físico o dos, máquinas cuyo funcionamiento, por el hecho de haber sido construidas de esta manera, pueda ser entendido en su totalidad. Ahora se necesitan equipos de científicos impresionantes por su número y diversas capacidades técnicas. El detector se construye, se prueba, se analizan los resultados de su utilización y se aprende a manejarlo.

Los procesadores requieren la integración de áreas del conocimiento contemporáneo que hasta hace apenas unos años nos eran ajenas. Hoy, la colaboración multidisciplinaria precisa una educación extracurricular continua.

Actualmente, la física de altas energías es también física de alta complejidad y alta precisión. Ha cambiado, ya no consiste únicamente en aumentar la energía para descubrir algún estado cuántico previamente inalcanzable; es también estudiar su dinámica de producción en relación con las demás partículas producidas; es medir en forma precisa los parámetros que restrinjan las diferentes concepciones teóricas. La manera de hacer ciencia en altas energías experimental se resume en el concepto de usuario.

El usuario es un científico que planea un experimento en una institución, donde generalmente no se dispone de los medios para realizar dicho experimento. Y como la realización de un experimento de altas energías exige una gran fuerza de trabajo, este científico colabora generalmente con otros científicos de otras instituciones, que así también se convierten en usuarios. La colaboración, o grupo de colaboradores de este modo formado, acude a un laboratorio central que dispone del acelerador y la infraestructura para la construcción del detector de los usuarios del laboratorio; en ese laboratorio los usuarios proponen el experimento.

Cada laboratorio forma un comité de físicos de gran renombre, tanto teóricos como experimentales, que habrá de estudiar, analizar y criticar a fondo las propuestas de experimentos. Estos comités generalmente son de carácter consultivo y la alta dirección del laboratorio decide finalmente la suerte de cada propuesta. Entre los criterios que se utilizan al evaluar las propuestas, destaca el valor científico del experimento, esto es, si tiene potencial para producir una contribución sustancial a la física; la factibilidad técnica y la disponibilidad de los recursos humanos y financieros son otros criterios utilizados. Es absolutamente indispensable formar grupos de colaboradores. En la actualidad la construcción de un detector puede requerir grupos que van de 20 a 250 elementos, y se estima que la siguiente generación de experimentos, tipo SSC, necesitará colaboraciones de unos 550 físicos e ingenieros y técnicos para construir el detector de un experimento.

El usuario diseña el detector generalmente en colaboración y construye en su institución partes del todo que será ensamblado. En el proceso construye prototipos que le permiten entender la operación del detector en conjunto, operación que será finalmente asimilada cuando se pruebe en el acelerador y su resultado se analice con una computadora. Para diseñar y construir el detector, el físico requiere casi siempre apoyo de ingeniería mecánica y electrónica; para la construcción y desarrollo del detector, necesita la ayuda de técnicos mecánicos, electrónicos, de vacío, etc. Es muy común que algunos miembros de la colaboración participen en forma más o menos directa en todas las fases de la construcción del equipo.

En la etapa de planeación del experimento, los usuarios hacen uso de la computadora en su institución para simular los procesos que serán motivo de medición en el experimento. En esta etapa se deciden los parámetros de aceptancia geométrica que tendrá el detector. Es durante la etapa de construcción del detector en el laboratorio del cual se es usuario, cuando se empiezan a desarrollar los programas que permitirán en el futuro analizar el resultado del experimento, así como el Monte Carlo que simulará el detector. Si bien estos programas pueden desarrollarse en la institución de origen, el usuario debe acudir al laboratorio central a colaborar en la construcción del detector.

En el momento en que el usuario tiene que acudir al laboratorio central, su vida cambia respecto a los físicos de otras disciplinas de su institución de origen, si es que existe. En el mejor de los casos, el usuario puede viajar con su familia y permanecer en el laboratorio por algunos meses; la mayoría de las veces conmuta su institución por el laboratorio en donde trabajará por muchos periodos cortos: periodos cortos de vida de dormitorio, de comida para llevar y de lavado de ropa una vez por semana, quizá. El usuario acepta todo esto para aprovechar al máximo la estancia en turnos de trabajo que pueden ir de 10 a 14 horas diarias, sin exceptuar los fines de semana. Una presión muy común que hace a los físicos experimentales llevar al extremo este tipo de vida es el periodo en que funcionará el acelerador y por lo tanto dispondrán de haz para experimento o pruebas del detector. En estas circunstancias se corre el experimento y se graba en cintas magnéticas la información obtenida.

Esta información deberá ser analizada generalmente en las instituciones de origen.

El centro de gravedad del trabajo del usuario vuelve a ser su institución, a la cual retorna para realizar análisis de los datos tomados. Cada miembro de la colaboración lleva a cabo tareas complementarias para examinar posteriormente, en reuniones de grupo, los avances obtenidos o las dificultades encontradas.

Así pues, las instituciones de investigación que deseen tener acceso a los avances de las ciencias experimentales que requieran instalaciones centralizadas, deberán operar en el modo de usuarios. Para este fin deberán proveer a los usuarios de un laboratorio para prototipos, acceso masivo a equipo de cómputo, infraestructura de taller mecánico y electrónico, un presupuesto vigoroso para viajar y para sufragar la estancia en el laboratorio central, y gran elasticidad en la asignación de cursos que los usuarios deberán impartir en su institución de origen. El presupuesto deberá llegar también a estudiantes y cubrirá otros aspectos, como seguridad social, apoyo médico, etcétera.

Ésta es la forma como se trabaja en la actualidad y como México ha empezado a participar en la física experimental de altas energías. Recientemente, el grupo encabezado por Carlos Escobar, en Sao Paulo, Brasil, está siendo desarrollado de acuerdo con la misma línea.

Existe otro modo de operación de usuario que podríamos denominar restringido. Es el caso en el que el usuario sólo participa en el análisis de los datos y no en el diseño y construcción del equipo. Esta forma podría verse como económicamente más atractiva porque el costo por publicación es menor que en el modo estándar y el distanciamiento entre publicaciones puede ser también menor. Este espejismo, producto de la alucinación del desierto donde se carece del desarrollo necesario para colaborar como usuario, termina por desvanecerse porque no se tiene acceso a todas las consecuencias tecnológicas del desarrollo de equipo experimental: se publica pero no se establece en la institución de origen la semilla de la ciencia experimental que se pretende estar cultivando. Este modo restringido es conveniente en un proyecto personal. El modo de usuario más amplio comentado previamente es el apropiado para el trabajo institucional o del país. En América Latina existen también dos ejemplos de participación en física experimental de altas energías en el modo restringido: uno se ha generado en el departamento de física del CINVESTAV, del Instituto Politécnico Nacional, en México; y el otro es el grupo encabezado por Alberto Santoro en el CBPF de Río de Janeiro, Brasil. Los dos modos son formas legítimas de hacer física experimental de altas energías en nuestros días; sus consecuencias son diferentes y se debe estar perfectamente consciente de los alcances para disminuir el riesgo de frustraciones. Para terminar, hemos de comentar acerca de un factor característico de la física experimental de altas energías. Las escalas de tiempos involucrados son muy diferentes a las de otras ramas de la física. Una persona que desee ver resultados inmediatos deberá alejarse de esta empresa. Una persona o institución sin capacidad de planeación e inversión a plazos grandes, deberá evitar el contacto con esta actividad científico-tecnológica. Este último factor es, en nuestra opinión, uno de los problemas fundamentales que tiene un país en vías de desarrollo para incursionar en la física experimental de altas energías: la construcción de un detector puede tardar varios años; el desarrollo de los programas de análisis también ocupa muchos meses; la asimilación y comprensión de los resultados del experimento puede llevar más tiempo del que muchos pueden esperar. Finalmente, el modo de usuarios en su concepción amplia puede fracasar, a pesar de tener todo el apoyo institucional requerido y aun existir un grupo de físicos e ingenieros entusiasmados por el trabajo, si no se cuenta con un líder, con una cabeza del grupo que habrá de combatir en todos los frentes del experimento.

# APÉNDICE

En este apéndice analizaremos algunos ejemplos de *triguers*. El primer caso que estudiaremos es la interacción protón-protón, en la que únicamente nos interesará tomar los eventos de la colisión que salgan hacia enfrente. En la figura se muestra una posible geometría que indica un haz de protones y un blanco rodeado de cuatro contadores de centelleo que vetarán los eventos producidos por una partícula que pase por ellos.

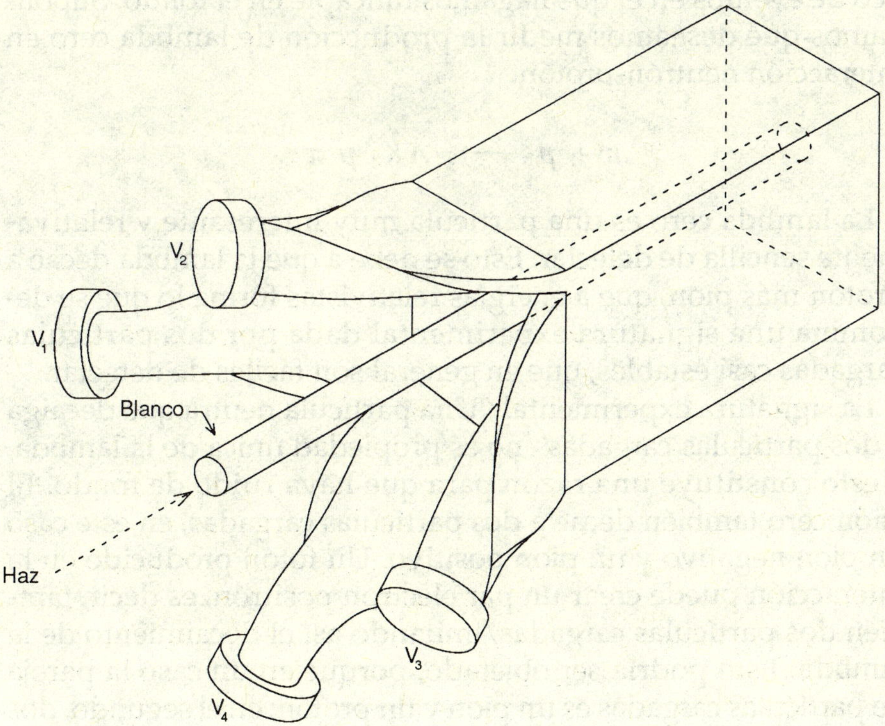


Si de todas las posibles partículas que se producen en la colisión alguna no sale para enfrente, esto es, en la dirección del haz incidente dentro del ángulo permitido por el cuadrito de contadores de centelleo, entonces dicha partícula disparará alguno de esos contadores, lo que dará una señal indicadora de que el resto del detector deberá dejar pasar el evento. Sólo se tomará el evento cuando no se hayan disparado los cuatro centelladores de veto. Este *triguer* si bien selecciona algunos eventos, son muchos los que satisfacen la condición de ir para enfrente. El *triguer* debe ser único, ya que si hay eventos que pasan el *triguer* sin ser los que buscamos específicamente, esos otros indeseables forman lo que se denomina el ruido de fondo. Si queremos restringir más los eventos, debemos incluir *triguers* de más alto nivel de complejidad.

Ahora discutamos un *triguer* para detectar algún tipo específico de eventos en el que hagamos hincapié en el fondo. Supongamos que deseamos medir la producción de lambda cero en interacción neutrón-protón.

$$n + p \longrightarrow \Lambda^{\circ} K^{+} p\, \pi^{-}.$$

La lambda cero es una partícula muy interesante y relativamente sencilla de detectar. Esto se debe a que la lambda decae a protón más pion, que a energías relativistas forma lo que se denomina una signatura experimental dada por dos partículas cargadas casi estables, que en general son fáciles de detectar.

La signatura experimental "Una partícula neutra que decaiga a dos partículas cargadas" no es propiedad única de la lambda, y esto constituye una razón para que haya ruido de fondo. El kaón cero también decae a dos partículas cargadas, en este caso un pion negativo y un pion positivo. Un fotón producido en la interacción puede crear un par electrón positrón, es decir, también dos partículas cargadas, imitando así el decaimiento de la lambda. Esto podría ser objetado, porque en un caso la pareja de partículas cargadas es un pion y un protón; en el segundo, dos piones; y en el tercero, un electrón y su antipartícula; los estados finales son diferentes. El *triguer,* sin embargo, pone como única condición dos partículas cargadas; identificarlas es otro problema, de hecho más complicado. La identificación será un poco más lenta, requiere cálculos aritméticos, no sólo de operaciones lógicas, como las de comparación, por ejemplo. Esos decaimientos que imitan a la lambda forman parte del ruido de fondo con el que se mezcla la señal buscada.

Podemos detectar piones y protones, asociarlos en parejas y calcular su masa invariante y descubrir así cuándo proceden del decaimiento de una lambda. Esto parece resolver el problema del ruido de fondo; sin embargo no es cierto; el detector registrará dos partículas cargadas, una positiva y la otra negativa, con una cantidad de movimiento dada para cada una. Existen algunos valores de esas cantidades de movimiento que, si suponemos que fueron pion y protón, dan la masa de la lambda cero, y los mismos momentos, suponiendo que fueran pion menos y pion más, dan la masa del kaón neutro. La lambda, sin embargo, es una partícula especialmente interesante, pues posee una característica denominada extrañeza que hace que en su producción por medio de la fuerza nuclear o interacción fuerte vaya siempre acompañada de otra que tenga antiextrañeza, como los mesones llamados kaones. Así que si buscamos la producción de lambdas en interacciones fuertes, junto a la lambda siempre existirá otra partícula con antiextrañeza, como el kaón, y otras que equilibren la carga eléctrica y otros números cuánticos (como la extrañeza). Por ejemplo, en la producción de lambda por interacción de un neutrón con un protón, la reacción sería:

$$n + p \longrightarrow K^{+} + p\ \Lambda^{\circ}\pi^{-}$$
$$\hookrightarrow \pi^{-} p.$$

En el estado final tendremos cinco partículas. Un *triguer* que nos permita seleccionar lambdas en forma no ambigua requerirá identificar el estado final. Una primera posibilidad es que busquemos un pion y un protón que sean candidatos a productos de decaimiento de una lambda y después tendremos que exigir la existencia del kaón cargado.

## Criterios de multiplicidad

Supongamos que estamos interesados en eventos que tengan entre diez y doce partículas en el estado final. Este tipo de eventos representará seguramente una fracción pequeña de la sección de dispersión total; por consiguiente es altamente recomendable tener otro *triguer* menos preciso pero más rápido que nos permita preseleccionar los eventos. Este criterio podría ser: "que haya por lo menos cuatro partículas cargadas que hayan disparado otros tantos centelladores de un hodoscopio de segmentación moderada". Quizá hubo más de una partícula que disparó un cierto centellador y algunas otras no pasaron por el hodoscopio por alguna razón que no viene al caso discutir. Aunque otros eventos, además de los buscados, también disparen este *triguer* de bajo nivel (pero muy rápido), muchos serán los que no lo disparen y que representen una fracción considerable del total. Estos últimos eventos son de inmediato descartados. De los que quedan requerimos información más precisa que la de los centelladores para decidir la multiplicidad del evento. Esta información es provista por cámaras multialámbricas, y su análisis es ciertamente más tardado. Este análisis puede ser separado, a su vez, en dos niveles: uno rápido y burdo (no muy restrictivo), y otro más lento y fino (muy selectivo). El más rápido y burdo puede consistir en cierto número de alambres prendidos en las cámaras. En un evento de diez partículas puede haber 15 alambres prendidos en una cámara intermedia del detector, mientras en una cámara final el número de alambres prendidos son únicamente nueve. La imposición de un criterio como éste permite pasar, quizá, eventos con nueve partículas en el estado final o incluso ocho, pero ciertamente descarta los que tienen sólo cinco, seis o siete, y con esta selección aumenta la calidad de la muestra. El segundo subnivel de este *triguer* ya no exige solamente un número de alambres disparados, sino números de trayectorias encontradas y que, por lo tanto, pasen por esos alambres disparados. Este *triguer* es más restrictivo porque exige una correlación dada entre los alambres disparados —es decir, que formen una trayectoria— y el número de trayectorias buscado. Este *triguer* de alto nivel es claramente más lento porque necesita reconstruir las trayectorias, no sólo contar el número de alambres prendidos.

Finalmente, quisiéramos mencionar otros *triguers* que en la actualidad van teniendo más aplicación por el tipo de física que se está estudiando en anillos de colisión. En estos experimentos, las energías en el centro de la masa son las más altas logradas, así que la producción de estados masivos es muy probable y, por tanto, una herramienta perfecta para estudiar producción de números cuánticos pesados. Lo que se detecta en estos experimentos es el decaimiento de estos estados, y los *triguers* apropiados hacen hincapié en la cantidad de energía depositada en un calorímetro. En estos experimentos de muy altas energías, la resolución de los calorímetros es inmejorable en la actualidad.

# GLOSARIO

*Aceleradores.* Los aceleradores de partículas son microscopios que producen, en forma controlada y con intensidad apropiada, radiación con longitudes de onda cada vez más pequeñas para estudiar el microcosmos.

*Aceptancia geométrica.* Es la capacidad del detector para aceptar resultados en las diversas direcciones. Es la razón de la cantidad de eventos detectados a la cantidad de eventos producidos.

*Alta radiación.* Esta condición se da cuando muchas partículas pasan por el detector durante un tiempo suficientemente largo para que se produzca el fenómeno.

*Calorímetro.* Es un bloque de materia que intercepta las partículas que se deben detectar, y es de suficiente espesor para causarles interacciones que las hagan depositar toda su energía en él.

*Cavidades resonantes.* Son estructuras aceleradoras en las cuales el vector de campo eléctrico es paralelo a la dirección de movimiento.

*Corredores de frecuencia.* Son materiales que absorben luz ultravioleta y la reemiten en el espectro visible.

*Detectores.* Son máquinas que tienen como tarea determinar la posición, precisar el instante en que se efectuó un evento, identificar partículas y determinar su energía. Un solo detector no puede efectuar todas las operaciones; se requieren combinaciones de detectores.

*Efecto cherenkov.* Cuando una partícula cargada se mueve en un medio con velocidad mayor que la velocidad de la luz en ese medio, se produce luz conocida como luz cherenkov.

*Energía del proyectil.* Es la energía transferida en la colisión.

*Energía invisible.* En un calorímetro hadrónico, es la energía debida a decaimientos de neutrones, muones y neutrinos que interaccionan muy débilmente, y son muy difíciles de detectar.

*Enfoque.* Significa traer a las partículas que se mueven lejos de la trayectoria de equilibrio, lo más cerca posible a ésta.

*Estructuras FODO.* Son estructuras que mediante imanes cuadrupolares simulan el efecto de lentes convergentes y divergentes. Es decir, enfocan y desenfocan de tal modo que dan un resultado neto de enfocamiento.

*Errores estadísticos.* Se refieren a aquellas perturbaciones externas que se presentan al azar, en diferente momento y con diferente intensidad.

*Errores sistemáticos.* Son los debidos al detector o conjunto de detectores que, por haber sido dispuestos en una cierta forma, introducen un error en la medición.

*Espacio de configuración.* Se encuentra formado por las posiciones de las partículas, que son cantidades vectoriales de tres componentes.

*Espacio fase.* Está formado por los espacios momental y de configuración. Un punto de este espacio está definido por seis coordenadas: tres de posición y tres de momento.

*Espacio momental.* Está formado por los vectores de cantidad de movimiento de las partículas.

*Haz.* Paquete de ondas que viajan juntas, muy cercanas entre sí.

*Haz estable en fase.* El paquete de partículas, en su trayectoria por el acelerador, va adquiriendo energía intercambiando las posiciones de las partículas, pero manteniéndose éstas juntas.

*Longitud de radiación.* Se define como la distancia sobre la cual un electrón disminuye su energía por un factor $e^{-1}$.

*Oscilaciones betatrón.* Oscilaciones del haz respecto a la trayectoria ideal, que dan origen a un movimiento transversal en un sincrotrón.

*Partícula relativista.* Es una partícula cuya velocidad es muy cercana a la de la luz. Al ser acelerada, su masa aumenta para ganar energía.

*Prebuncher.* Estructura que empaqueta a los electrones en el espacio momental, para hacer uniforme la velocidad de las partículas, a la vez que las acelera hasta alcanzar la velocidad de la luz.

*Segmentación.* Es la capacidad del detector para distinguir entre dos eventos que suceden en lugares muy cercanos.

*Teorema de Liouville.* "Aquello que cambia en una dimensión del espacio fase debe ser compensado por las dimensiones restantes, si es que no existe alguna fuerza externa actuando sobre el sistema que haga trabajo, es decir, que transmita o extraiga energía".

*Transductores.* Aparatos que convierten alguna cantidad física de interés en una señal eléctrica.

# ÍNDICE ANALÍTICO

*Equipo para experimentar en el microcosmos relativista* se terminó de imprimir y encuadernar en enero de 1992 en los talleres de Encuadernación Progreso, S.A. de C.V., calzada de San Lorenzo, 202; 09830 México, D.F. En su composición se emplearon tipos Palatino de 14, 12:14, 11 y 8:9 puntos de pica.
El tiraje fue de 2 000 ejemplares.

La tipografía y la formación se realizaron
en el Departamento de Composición
del Fondo de Cultura Económica

La edición estuvo al cuidado de
*Soledad Olvera.*

**Ediciones Científicas Universitarias**
es una coedición de la Universidad Nacional
Autónoma de México y el Fondo de Cultura
Económica.